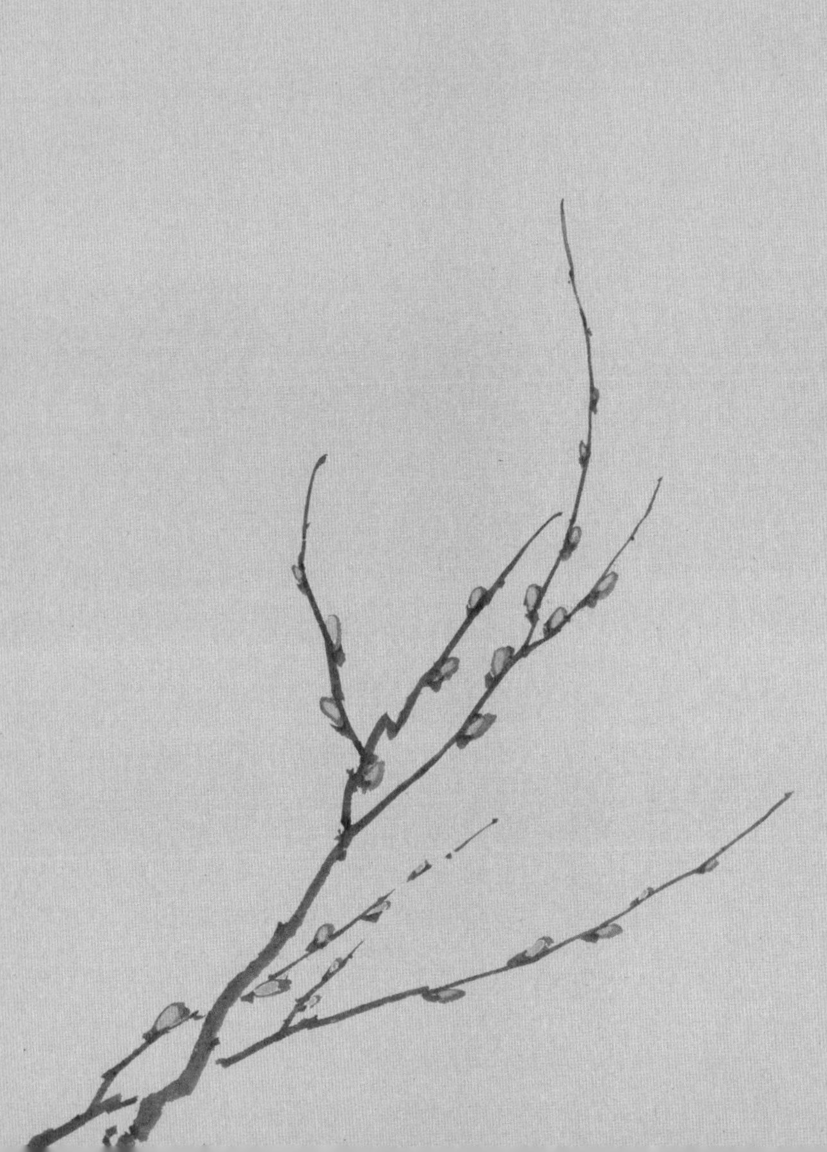

幽梦影

（清）张潮 著

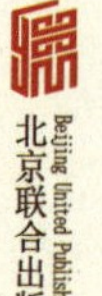

北京联合出版公司
Beijing United Publishing Co.,Ltd.

图书在版编目（CIP）数据

幽梦影 /（清）张潮著 . -- 北京：北京联合出版公司，2020.6

ISBN 978-7-5596-4171-7

Ⅰ . ①幽… Ⅱ . ①张… Ⅲ . ①人生哲学 – 中国 – 清代 Ⅳ . ① B825

中国版本图书馆 CIP 数据核字（2020）第 058693 号

幽梦影

著　　者：（清）张潮
责任编辑：管　文
封面设计：韩立强
内文排版：吴秀侠

北京联合出版公司出版
（北京市西城区德外大街 83 号楼 9 层　100088）
北京德富泰印务有限公司印刷　新华书店经销
字数 160 千字　880 毫米 × 1230 毫米　1/32　8 印张
2020 年 6 月第 1 版　2020 年 6 月第 1 次印刷
ISBN 978-7-5596-4171-7
定价：39.80 元

前言

社会日益发展，世界进入了一个崭新的时期，激烈的竞争意识充斥着社会的每个阶层。人们为求得生存和发展，不得不加快节奏，积极地投入到繁忙的工作中。于是社会的物质文明越来越高，可是人类的精神文明却日益脱节，浮躁、不安、焦虑、忧郁、烦恼、迷惘成为现代人的通病。于是人们想要在古代文人的作品中寻找到能解放心灵的一剂汤药。而《幽梦影》无疑是为现代人解除疲惫、放松心情的一剂清凉妙药。

《幽梦影》，清代人张潮著。张潮，字山来，号心斋居士、三在道人，安徽歙县籍。生于顺治七年（1650）。他是清代文学家、小说家、刻书家。他出身名门，自少年起，便学习四书、五经，走八股科举之路。由于禀赋聪颖，十五岁得补博士弟子员。但后来仕途坎坷，连试不授，最终，也仅得了个岁贡生，入资授翰林孔目。他一生好游历，喜交友。他到过很多地方，与当时的名人有诸多接触，如当时名流黄周星、冒辟疆、曹溶、张竹坡、尤侗、吴绮、吴嘉纪、孔尚任、杜浚等，都曾与他交往甚密。他曾在扬州游历，并且在这里著书立说，创造了人生的辉煌。除我们所熟知的《幽梦影》之外，还著有《花影词》《心斋聊复集》《奚囊寸锦》《心斋诗集》《鹿葱花馆诗钞》等，编辑评定《昭代丛书》《檀几丛书》《虞初新志》。《幽梦影》是他在三十岁时动笔写的，历时十五年，方才完稿。

这部书著成之后，在当时风靡一时，受到了百余位学者的关注，纷纷加以赞扬，并给予了评点，其受欢迎程度大大超过了当时极受欢迎的《菜根谭》。林语堂先生在《张潮的警句》中说："这是一部文艺的格言集，这一类的集子在中国很多，可是没有一部可和张潮自己所写的比拟。"可见给予张潮的《幽梦影》以高度的评价。其实从《幽梦影》的多方面来看，它不仅是一部"文艺"的格言集，更是一部"人生"的格言集。

《幽梦影》全书由 219 条人生哲理构成，文字中随处可见山水云雨、风花雪月、鸟兽虫鱼、香草美人、琴棋书画、园林建筑、读书著书、谈禅交游、饮酒赏玩等，所谈最多的也是这些内容。在这些文字中，体现出了作者对人生和社会的感悟，其中有对文人骚客的琴棋书画、诗词雅章的体味，有对山光水色、花鸟虫鱼、风云雨露、俊林秀木的赞美，有对官场科第、庸俗的人情世故的讥讽，有对儒、释、道的参悟与勘破，可见它包含的内容极其丰富。在语言方面，作者写作时敢于联想，将自然界中的生物赋予灵性写在作品中，同时还运用比喻、对偶等多种方法，使语言集的节奏美、匀称美、声韵美和谐统一，在审美角度上更胜一筹。除此之外，文字后还有评语，评语都是作者同当时的学者、朋友议论时，大家所发，众家各有说辞，全是率性而发，毫无矫揉造作之感，语言或幽默诙谐，或妙语连珠，或清警拔俗，发人深省。读书中的格言、箴言、哲言、韵语、警句，用幽静的态度去观察人生与自然，如梦一般的迷离，如影一般的朦胧，享受那种艺术家对生活所拥有的感受和体验，感人至深。

《幽梦影》是作者纯情至性的流露，是作者审美追求的结晶；是作者精减丰厚人生感情的最终提炼。作者豁达潇洒的情怀，在字里行间表露无遗。作者风流自赏、真率雅致的生活态度跃然于楮墨纸帛。这对于生活在繁忙的工作之中的人来说，正是减轻心理负荷的良药。我们不妨在茶余饭后、工作闲暇之时，同张潮一起，赏花玩月，游山玩水，移情自然，释放自己，感受书中的幽香、书中的幽影、书中的梦幻，从中汲取更多的营养。我们将此书推荐给读者的目的就在于此。

本书精选《幽梦影》部分原文，文白对照，并且还附有精心绘制的插图，与文字相辅相成，极具视觉美感。

由于个人能力毕竟有限，评析中不当或错误之处在所难免，如遇不妥之处敬请方家给予一定的谅解，并不吝赐教。

编者

目录

幽梦影

幽梦影

读经宜冬

【原文】

读经宜冬，其神专也；读史宜夏，其时久也；读诸子宜秋，其致别也；读诸集宜春，其机畅也。

【原评】

曹秋岳曰：可想见其南面百城时。

庞笔奴曰：读《幽梦影》，则春夏秋冬，无时不宜。

【译文】

冬天适宜诵读经书，因为在冬天可以集中思想在经书里驰骋；夏天适合读史，因为夏天白日时间长，时间比较充足；秋季适宜读诸子百家，因为秋天秋高气爽，人的韵致比较特殊，这时可以领会诸子精神的实质；春天适宜读诗词文章，因为春天可以体会出诗文的生机和春天散发出来的欣欣向荣的景象。

经传宜独坐读

【原文】

经传宜独坐读，史鉴宜与友共读。

【原评】

孙恺似曰：深得此中真趣，固难为不知者道。

王景州曰：如无好友，即红友亦可。

教子弟于幼时，便当有正大光明气象

【译文】

《诗》《书》《礼》《易》《春秋》等著作适合一个人时静静地阅读，而历史著作适合和知己一起阅读。

【评析】

读圣人经传，乃为了进德修身，首先是个人的事，所以要独自读；经传简约深奥，不认真品味揣摩，难得其神髓，故必须独坐读。读史则可以广见闻，开心智，与友共读，既能相互切磋，彼此启发，还可以达到学问共进，避免因个人阅历有限而误解误读丰富繁杂的历史。

经书这类作品是我国博大精深的文学名著，有很高的文学价值，更是有许多我们可以借鉴的东西。所以读这一类书须静坐冥思，细读慢慢品味其中的精髓，汲取营养，提高自身的修养，所以说经传宜独自细细体味。而历史著作在于领悟圣人之道，圣人之道涉及面广，而且各个方面无一不包，所谓“一千个人眼中有一千个哈姆雷特”，就是说可以从不同的方面来理解文章，这样对文章的理解更全面。所以有些观点要和朋友一起探讨研究，这样才可以更深刻地理解问题，做到挖掘精髓的目的，从而真正地了解作品的主旨。读书不在多，在于精，只有掌握正确的读书方式，才可能摄取前人更多的知识，来充实自己。

无善无恶是圣人

【原文】

无善无恶是圣人（如“帝力何有于我”“杀之而不怨，利之而不庸”“以直报怨，以德报德”“一介不与，一介不取”之类），善多恶少是贤者（如颜子“不贰过，有不善未尝不知”、子路“人告有过则喜”

之类），善少恶多是庸人，有恶无善是小人（其偶为善处，亦必有所为），有善无恶是仙佛（其所谓善，亦非吾儒之所谓善也）。

【原评】

黄九烟曰：今人"一介不与"者甚多，普天之下，皆半边圣人也。"利之不庸"者亦复不少。

江含徵曰：先恶后善是回头人，先善后恶是两截人。

殷日戒曰：貌善而心恶者是奸人，亦当分别。

冒青若曰：昔人云："善可为而不可为。"唐解元诗云："善亦懒为何况恶！"当于有无多少中更进一层。

【译文】

没有做过善事也没有做过恶事的是具备极高品德的圣人；做善事多做恶少的是品质好才能高的人；做善事少恶事多的人是最平常的庸俗之辈；只做恶事而不做善事的是不知廉耻的小人；只知道做善事而没有做过恶事的是神仙和具有善根的佛家。

天下有一人知己

【原文】

天下有一人知己，可以不恨。不独人也，物亦有之。如菊以渊明为知己，梅以和靖为知己，竹以子猷为知己，莲以濂溪为知己，桃以避秦人为知己，杏以董奉为知己，石以米颠为知己，荔枝以太真为知己，茶以卢仝、陆羽为知己，香草以灵均为知己，莼鲈以季鹰为知己，蕉以怀素为知己，瓜以邵平为知己，鸡以处宗为知己，鹅以右军为知己，鼓以祢衡为知己，琵琶以明妃为知己。一与之订，千秋不移。若松之于秦始，鹤之于卫懿，正所谓不可与作缘者也。

【原评】

查二瞻曰：此非松、鹤有求于秦始、卫懿，不幸为其所近，欲避之而不能耳。

殷日戒曰：二君究非知松、鹤者，然亦无损其为松、鹤。

周星远曰：鹤于卫懿，犹当感恩。至吕政五大夫之爵，直是唐突十八公耳。

王名友曰：松遇封，鹤乘轩，还是知己。世间尚有劚松煮鹤者，此又秦、卫之罪人也。

张竹坡曰：人中无知己，而下求于物，是物幸而人不幸矣。物不遇知己而滥用于人，是人快而物不快矣。可见知己之难，知其难方能知其乐。

【译文】

天下只要有一知己，就不会有遗憾了。不只人是这样，万物也是这样的。例如菊花把陶渊明视为知己，梅花把和靖视为知己，翠竹把子猷看作知己，莲花把濂溪视作知己，杏树把董奉当作知己，桃以避秦人为知己，奇石将米芾当作知己，荔枝把杨贵妃视作知己，茶把卢仝、陆羽作为知己，香草把屈原作为知己，莼羹鲈脍把张翰视为知己，芭蕉把怀素视为知己，瓜把邵平视为知己，鸡把处宗视为知己，鹅把王羲之视为知己，鼓以祢衡为知己，琵琶以昭君为知己。他们之间相互交定，就是永远也不会改变的。至于说像泰山松与秦始皇、仙鹤与卫懿公那样就是彼此不能相交的缘故了。

菊以渊明为知己

为月忧云

【原文】

为月忧云，为书忧蠹，为花忧风雨，为才子佳人忧命薄，真是菩萨心肠。

【原评】

余淡心曰：洵如君言，亦安有乐时耶！

孙松坪曰：所谓“君子有终身之忧”者耶！

黄交三曰：“为才子佳人忧命薄”一语，真令人泪湿青衫。

张竹坡曰：第四忧，恐命薄者消受不起。

江含徵曰：我读此书时，不免为蟹忧雾。

竹坡又曰：江子此言，直是为自己忧蟹耳。

尤悔庵曰：杞人忧天，嫠妇忧国，无乃类是。

【译文】

为明月担心被云彩遮蔽住，为书本担心被蛀虫咬坏，为鲜花担心被风雨摧残、毁坏，为才子佳人担心他们命运无常，确实是大慈大悲的菩萨心肠呀。

【评析】

月能不为云遮，圆而不缺；书能不被虫蛀，久而弥新；花能不遭风雨摧残，四季芳香；才子能够施展雄才大略，佳人能够富贵尊荣，当然是十分圆满的事情。但是月有盈余这是自然界很正常的事情，过多的担心只是杞人忧天，枉费心思，不会改变任何事情。

如果在此基础上，多一些经验做一些可以弥补的工作，这倒是将问题降到最低点的最有实效的办法。假若只是一味担心，而不采取任何解决问题的方法，那么再忧愁也是无用的。就算是被人知道是菩萨心肠又有什么用处呢？

花不可以无蝶

【原文】

花不可以无蝶，山不可以无泉，石不可以无苔，水不可以无藻，乔木不可以无藤萝，人不可以无癖。

【原评】

黄石闾曰：“事到可传皆具癖”，正谓此耳。

孙松坪曰：和长舆却未许藉口。

【译文】

鲜花不可以没有蝴蝶做伴，青山不可以没有泉水穿流其中，石头上不能没有青苔的点缀，水上不可以没有水藻的漂浮，乔木不可以没有藤萝的缠绕，人不能没有自己的嗜好。

春听鸟声

【原文】

春听鸟声，夏听蝉声，秋听虫声，冬听雪声，白昼听棋声，月下听箫声，山中听松风声，水际听欸乃声，方不虚生此耳。若恶少斥辱，悍妻诟谇，真不若耳聋也。

【原评】

黄仙裳曰：此诸种声颇易得，在人能领略耳。

朱菊山曰：山老所居，乃城市山林，故其言如此。若我辈日在广陵城市中，求一鸟声，不啻如凤凰之鸣，顾可易言耶！

释中洲曰：昔文殊选二十五位圆通，以普门耳根为第一。今心斋居士耳根不减普门。吾他日选圆通，自当以心斋为第一矣。

张竹坡曰：久客者，欲听儿辈读书声，了不可得。

张迂庵曰：可见对恶少悍妻，尚不若日与禽虫周旋也。又曰：读此，方知先生耳聋之妙。

【译文】

春天听鸟叫的声音，夏天听蝉鸣的声音，秋天听虫子唧唧叫的声音，冬天听雪簌簌落下的声音；白日里听下棋的声音，明月当空时听吹箫的声音；身处在大山之中听松林风啸的声音，水边听摇橹声，这才算没有白长了这双耳朵。假如听到无赖少年的呵斥和辱骂，蛮横女人的叫骂和恶言，真不如耳朵聋了的好。

【评析】

事物都是相对存在的，有美有丑，美丑对人们的影响不同，所以人们对美丑的反应也就不一样。人们总是趋向于美好的东西，这样人们也就受到了美好的事物或邪恶的事物的影响，变得邪恶或善良。一个人每天听到的声音，可以影响一个人的心境，甚至会影响到小孩子的成长。在生活中，有时我们听到美妙的音乐，就会有种想翩翩起舞的感觉；当我们听到谩骂声不绝于耳时，就会有种心烦意乱的感觉，这时就会影响我们的心情。所以不同的时间、不同的地点，就可以享

山中听松风声

受不同的乐趣。

不仅要善于听美妙的声音，还要善于听取善意的劝解，这段文字，同时也暗示着统治者应该善于听取忠言，明辨是非，为人民服务。

上元须酌豪友

【原文】

上元须酌豪友，端午须酌丽友，七夕须酌韵友，中秋须酌淡友，重九须酌逸友。

【原评】

朱菊山曰：我于诸友中，当何所属耶？

王武徵曰：君当在豪与韵之间耳。

王名友曰：维扬丽友多，豪友少，韵友更少。至于淡友、逸友，则削迹矣。

张竹坡曰：诸友易得，发心酌之者为难能耳。

顾天石曰：除夕须酌不得意之友。

徐砚谷曰：惟我则无时不可酌耳。

尤谨庸曰：上元酌灯，端午酌彩丝，七夕酌双星，中秋酌月，重九酌菊，则吾友俱备矣。

【译文】

上元节要与豪爽大方的朋友畅饮，端午节要与漂亮潇洒的朋友对饮，七夕节要与擅长吟诗作对的朋友对饮，中秋节之时要和淡泊名利的清雅之士对饮，重九要与远离是非、隐居的朋友对饮。

鳞虫中金鱼

【原文】

鳞虫中金鱼，羽虫中紫燕，可云物类神仙。正如东方曼倩避世金马门，人不得而害之。

【原评】

江含徵曰：金鱼之所以免汤镬者，以其色胜而味苦耳。昔人有以重价觅奇特者，以馈邑侯，邑侯他日谓之曰：“贤所赠花鱼殊无味。”盖已烹之矣。世岂少削圆方竹杖者哉！

【译文】

长有鳞片的金鱼，生有羽翼的紫燕，可以说它们都是动物中的尊者和神仙。就像避世于风云叵测中的东方朔，别人是伤害不到他的。

入世须学东方曼倩

【原文】

入世须学东方曼倩，出世须学佛印了元。

【原评】

江含徵曰：武帝高明喜杀，而曼倩能免于死者，亦全赖吃了长生酒耳。

殷日戒曰：曼倩诗有云：“依隐玩世，诡时不逢。”此其所以免死也。

石天外曰：入得世，然后出得世。入世出世，打成一片，方有得心应手处。

【译文】

入世应当学习东方朔，出世应该学习佛印了元。

【评析】

所谓出世入世是一个十分难把握的问题。身担重任、身不由己时想逃避现实，这谈何容易；身在佛门中的人大多数都不能自如的摆脱束缚。而这东方朔和了元法师却做到了这一点。

身在皇宫，侍奉君王，实在是“伴君如伴虎”，一言不适，便会招致杀身之祸，这在历史上也不鲜见。又说宦海浮沉，随时有翻船的危险，这在古时官场，同样也发生过不少类似的事件。而像东方朔，身为太中大夫，“常在侧侍中”，为武帝明鉴是非，老死为帝所宠，的确少见。究其原因，还在于他身在庙堂，心却能以朝廷为避世之所。有了这种思想，他自然不会去与人竞争，更不会为功名利禄而坑害他人，最终搞得身心疲惫。不会太过执着，斤斤计较，甚至常常伪装自己。除此之外，他经常假装滑稽，同僚欢喜，君主欢喜，皆大欢喜，东方朔也得其所哉。这就是他这些年为官的座右铭。

所谓“出家须学佛印了元”，乃是对出家逃禅者来说的。了元十五岁出家，但是他并没有被佛门的清规戒律所束缚，而与苏轼兄弟的交往，相互“以诗颂为禅悦之乐”。他认为修佛在于修心，并不一定拘于形式，并非在深山丛林中足不出户就是入世之道。出世后再入世，不被形式所拘泥，这才是我们应该学习了元的地方。

赏花宜对佳人

【原文】

赏花宜对佳人，醉月宜对韵人，映雪宜对高人。

【原评】

余淡心曰：花即佳人，月即韵人，雪即高人。既已赏花、醉月、映雪，即与对佳人、韵人、高人无异也。

江含徵曰：若对此君仍大嚼，世间那有扬州鹤！

张竹坡曰：聚花、月、雪于一时，合佳、韵、高为一人，吾当不赏而心醉矣。

【译文】

观赏花卉应该有佳人相伴，对月畅饮应该有吟诗作对的朋友助兴，把玩赏雪应与高雅隐士为伴。

对渊博友

【原文】

对渊博友，如读异书；对风雅友，如读名人诗文；对谨饬友，如读圣贤经传；对滑稽友，如阅传奇小说。

【原评】

李圣许曰：读这几种书，亦如对这几种友。

张竹坡曰：善于读书、取友之言。

对渊博友

【译文】

和学识渊博的朋友在一起，就像读一本内容丰富的奇书；同风流儒雅的朋友在一起，就像在读名人的诗文创作一样；同严谨的朋友在一起，就像读名人贤士所著的经传；同诙谐风趣的朋友在一起，就像在阅读传奇小说一样。

楷书须如文人

【原文】

楷书须如文人，草书须如名将，行书介乎二者之间，如羊叔子缓带轻裘，正是佳处。

【原评】

程韡老曰：心斋不工书法，乃解作此语耶！

张竹坡曰：所以羲之必做右将军。

【译文】

楷书要写得像文人那样，草书要写得像名将那样，而行书书写则是介于两者之间的，就像晋代羊叔子那样缓带轻裘，则是最好的。

【评析】

书法艺术是中国传统文化中具有悠久历史又取得辉煌成就的艺术门类之一。它分为真、草、隶、篆、行诸种，它们风格不同，形式各异，既相互借鉴，又相互影响。这则文字，主要谈了楷、草、行风格上的区别与联系。

楷书即真书，又称正书，形体方正，可作楷模。楷书书写要端庄凝重，圆润利落，沉静有致，方为得法，才算达到了楷书真正的书写要求，这正如文人，秀雅端庄，具有文人气质。

草书又有章草、独草、连绵草诸多称法。其产生在于流便省简。草书最讲流畅，要写得舒卷浩荡，这也恰如雄猛潇洒的名将的气度，冲折起伏，气势磅礴，淋漓酣畅，不失大气。

行书是介于楷隶与草书之间的一种书体。它要求行书的书写，驾驭自如，笔势流畅，笔墨精到，气度安闲，书韵隽永，文字中以“羊叔子缓带轻裘”作比，游刃有余，恰到好处，可谓恰切。

人们品评书法，多以“文人气息”“将军气息”作判语，张潮以文人、名将等区别不同书体间相别的风格，可谓得其三昧。

人须求可入诗

【原文】

人须求可入诗，物须求可入画。

【原评】

龚半千曰：物之不可入画者，猪也，阿堵物也，恶少年也。

张竹坡曰：诗亦求可见得人，画亦求可像个物。

石天外曰：人须求可入画，物须求可入诗，亦妙。

【译文】

人要有可以入诗的韵味；物要有可以入画的美感。

少年人须有老成之识见

【原文】

少年人须有老成之识见，老成人须有少年之襟怀。

【原评】

江含徵曰：今之钟鸣漏尽、白发盈头者，若多收几斛麦，便欲置侧室，岂非有少年襟怀耶！独是少年老成者少耳。

张竹坡曰：十七八岁便有妾，亦居然少年老成。

李若金曰：老而腐板，定非豪杰。

王司直曰：如此方不使岁月弄人。

【译文】

青年人需要有老年人那种成熟的见识和老成，老年人需要有少年人的激情与热忱，这样才能有精彩丰富的人生。

春者天之本怀

【原文】

春者天之本怀；秋者天之别调。

【原评】

石天外曰：此是透彻性命关头语。

袁中江曰：得春气者，人之本怀；得秋气者，人之别调。

尤悔庵曰：夏者天之客气；冬者天之素风。

春者天之本怀

陆云士曰：和神当春，清节为秋，天在人中矣。

【译文】

春天生机勃勃，是大自然本有的情怀；秋天萧瑟一片，是大自然的另一种情调。

【评析】

俗话说：一年之计在于春。春天是万物复苏的季节。经过漫长的寒冷的冬天，当迎来春意融融的春天的时候，好像万物都是欣喜的。这春意盎然的季节，好像会给人们带来更多的惊喜，世界顿时呈现一派欣欣向荣的景象，这正是大自然的本色。

而秋天则给人一种别样的感觉。春华秋实，秋天是收获的季节，当农人们看着将要收获金灿灿的粮食时脸上的那份喜悦，向我们展示秋天是一个喜悦的季节。可也是走向冬天的预兆，于是有人就把秋天看成是万物萧瑟的季节。唐诗说“夕阳无限好，只是近黄昏”，秋天如夕阳，虽然有它的美丽，却也让人深深地叹息它的消失。天高云淡，北雁南飞，金子般的颜色美则美矣，但飒飒秋风已显肃杀之气，预示着寒冬即将来临。这时的大自然，恰如人生暮年，气力已竭，虽有黄昏之美，惜其不永，故张潮曰“秋者天之别调”，用“别调”称它是十分恰当的。

昔人云

【原文】

昔人云：若无花月美人，不愿生此世界。予益一语云：若无翰墨棋酒，不必定作人身。

【原评】

殷日戒曰：枉为人身，生在世界者，急宜猛省。

顾天石曰：海外诸国，决无翰、墨、棋、酒，即有，亦不与吾同，一般有人，何也？

胡会来曰：若无豪杰、文人，亦不须要此世界。

【译文】

古人说：如果没有明月、鲜花、美人，就不愿在这个世界上生活。我增加了一句话：如果没有书可以读，没有笔墨可以写字，没有棋可以下，没有酒可以喝，就不一定必须做人不可。

愿在木而为樗

【原文】

愿在木而为樗（不才，终其天年），愿在草而为蓍（前知），愿在鸟而为鸥（忘机），愿在兽而为廌（触邪），愿在虫而为蝶（花间栩栩），愿在鱼而为鲲（逍遥游）。

【原评】

吴薗次曰：较之《闲情》一赋，所愿更自不同。

郑破水曰：我愿生生世世为顽石。

尤悔庵曰：第一大愿。又曰：愿在人而为梦。

尤慧珠曰：我亦有大愿，愿在梦而为影。

弟木山曰：前四愿皆是相反。盖“前知”则必多“才”，“忘机”则不能“触邪”也。

【译文】

假如做树，我愿做一棵臭椿（虽不成材不中用，却能享其千年）；假如做草，希望做一株蓍草（因为它可以占卜预测未来）；假如做鸟，我愿长成一只鸥鸟（鸥鸟可以无忧无虑）；假如做走兽，愿做獬豸（因为它可以识别善邪）；假如做飞虫，愿做一只蝴蝶（因为它可以在花丛中翩翩起舞）；如果做鱼，愿化作一只鲲鹏（它可以自由遨游于天地之间）。

黄九烟先生云

【原文】

黄九烟先生云："古今人必有其偶双，千古而无偶者，其惟盘古乎！"予谓："盘古亦未尝无偶，但我辈不及见耳。其人为谁？即此劫尽时，最后一人是也。"

【原评】

孙松坪曰：如此眼光，何啻出牛背上耶！

洪秋士曰：偶亦不必定是两人，有三人为偶者，有四人为偶者，有五六七八人为偶者，是又不可不知。

【译文】

黄九烟先生说："从古到今，每个人都能找到与他们匹敌者；千古无双的人大概只有盘古了！"我说："盘古也不可能没有匹敌的人，只是我们这些人等不到罢了。这个人究竟是谁？这一劫难之中剩下的最后一个人就是了。"

古人以冬为三余

【原文】

古人以冬为三余，予谓当以夏为三余：晨起者，夜之余；夜坐者，昼之余；午睡者，应酬人事之余。古人诗云“我爱夏日长”，洵不诬也。

【原评】

张竹坡曰：眼前问冬夏皆有余者，能几人乎？

张迂庵曰：此当是先生辛未年以前语。

【译文】

古人把冬天称为三余，我却说应该把夏天称为三余：早上起来是夜晚的空余，晚上晚睡是白天的空余，午睡时间是应酬人事工作的空余。于是古人诗说“我爱夏日长”，的确是真的。

庄周梦为蝴蝶

【原文】

庄周梦为蝴蝶，庄周之幸也；蝴蝶梦为庄周，蝴蝶之不幸也。

【原评】

黄九烟曰：惟庄周乃能梦为蝴蝶，惟蝴蝶乃能梦为庄周耳。若世之扰扰红尘者，其能有此等梦乎？

孙恺似曰：君于梦之中，又占其梦耶？

江含徵曰：周之喜梦为蝴蝶者，以其入花深也。若梦甫酣而乍醒，

庄周梦为蝴蝶

则又如嗜酒者梦赴席，而为妻惊醒，不得不痛加诟谇矣。

张竹坡曰：我何不幸而为蝴蝶之梦者？

【译文】

庄周在梦中化为蝴蝶，这是庄周的幸运；蝴蝶在梦中化作庄周，这是蝴蝶的不幸。

【评析】

这则文字出自《庄子·齐物论》，文中的本意是在强调万物等同的思想。也就是说，我即梦中之物，物即梦中之我，达到一种物我两忘的境界。而张潮这里所说的，却与此并不相同。

在作者看来，蝴蝶可以起舞于花丛之中，与花草为伴，无忧无虑，自由自在，穿梭于花香丛中，是一件多么幸运的事情呀！而作者自己沉溺于凡尘琐事之中，无法摆脱尘世的纷纷扰扰，于是他想化身为蝴蝶将是一件多么美好的事情，所以他说“庄周梦为蝴蝶，庄周之幸也”，这是作者想极力躲避现实的表现，他已经厌倦了在名缰利锁的束缚中生活，想像蝴蝶一样过一种闲适、幽静的生活。而“蝴蝶梦为庄周，蝴蝶之不幸也”则是指蝴蝶原本无忧无虑地生活，可是当它真正化身为庄周的话将会沦落于红尘中，受人生诸多苦痛，那也确实是蝴蝶的悲哀。

艺花可以邀蝶

【原文】

艺花可以邀蝶，累石可以邀云，栽松可以邀风，贮水可以邀萍，筑台可以邀月，种蕉可以邀雨，植柳可以邀蝉。

【原评】

曹秋岳曰：藏书可以邀友。

崔莲峰曰：酿酒可以邀我。

尤艮斋曰：安得此贤主人？

尤慧珠曰：贤主人非心斋而谁乎？

倪永清曰：选诗可以邀谤。

陆云士曰：积德可以邀天，力耕可以邀地，乃无意相邀而若邀之者，与邀名邀利者迥异。

庞天池曰：不仁可以邀富。

【译文】

种植花卉可以邀来蝴蝶飞舞，堆砌石山可以招来白云飘荡，种植青松可以招来清风徐徐，存积池水可以招来浮萍的漂浮，建筑高阁楼台可以招来明月朗照，栽种芭蕉可以招来细雨绵绵，种植柳树可以招来蝉鸣于枝头。

【评析】

蝶舞花间，云浮山上，风过松林，萍浮水面，月洒高台，雨滴芭蕉，蝉鸣柳枝。这些事物相对而出实在是一种自然而然的和谐，给大自然增添了光彩。蝶与花、云与山、风与松、萍与水，月光与高台，雨与芭蕉，蝉与柳树，这些事物的共同产生由各自因缘决定，所谓物以类聚，可能指的就是这种和谐。

人生也是如此，所谓“人以群分”，君子交君子，小人交小人，英雄互敬互爱，小人相互陷害，蝇营狗苟。这段文字警示我们：事情的发生决不是偶然，它是一种必然的结果。就像交朋友，如果你没有正

种蕉可以邀雨

直的品格，怎么会吸引众多的优秀人物与你交往。所以我们做人做事都要朝向积极的一面，这样我们才可能有更丰富的收获。

景有言之极幽而实萧索者

【原文】

景有言之极幽而实萧索者，烟雨也；境有言之极雅而实难堪者，贫病也；声有言之极韵而实粗鄙者，卖花声也。

【原评】

谢海翁曰：物有言之极俗而实可爱者，阿堵物也。

张竹坡曰：我幸得极雅之境。

【译文】

景致有说起来十分幽雅，而实际上十分萧条的，那就是朦胧烟雨了；境况有说起来十分高洁清雅，而实际上十分难堪的，那就是贫穷和疾病了；声音有说起来十分有韵味，而实际上却粗俗不堪入耳的，那就是卖花者的叫喊声。

才子而富贵

【原文】

才子而富贵，定从福、慧双修得来。

【原评】

冒青若曰：才子富贵难兼。若能运用富贵，才是才子，才是福、慧双修。世岂无才子而富贵者乎？徒自贪着，无济于人，仍是有福无慧。

陈鹤山曰：释氏云：修福不修慧，象身挂璎珞；修慧不修福，罗汉供应薄。正以其难兼耳。山翁发为此论，直是夫子自道。

江含徵曰：宁可拼一副菜园肚皮，不可有一副酒肉面孔。

【译文】

才子能够富贵，一定是掌握了福运而又用自己的智慧得到的。

新月恨其易沉

【原文】

新月恨其易沉，缺月恨其迟上。

【原评】

孔东塘曰：我唯以月之迟早为睡之迟早耳。

孙松坪曰：第勿使浮云点缀，尘滓太清，足矣。

冒青若曰：天道忌盈。沉与迟，请君勿恨。

张竹坡曰：易沉、迟上，可以卜君子之进退。

【译文】

月初的月亮落得快，使人产生遗憾；而下旬的月亮出来得晚，也令人很是不能满足。

新月恨其易沉

【评析】

明月总是给人以许多美好的遐想，由此引出了许多迷人的传说，如嫦娥奔月、吴刚斫桂、蟾蜍蚀月、仙人乘鸾、灰飞轮阙等。历代诗人亦用明月作为寄托情志、抒发情感的意象载体，留下许多妙词佳句。如李白的“举杯邀明月”；苏轼的“人有悲欢离合，月有阴晴圆缺，此事古难全，但愿人长久，千里共婵娟”；张若虚的“江天一色无纤尘,皎皎空中孤月轮。江畔何人初见月？江月何年初照人”等。这些写月色的诗句千古流传，而今明月仍然是人们寄予情思的一项事物。

月光皎洁，给人一种轻灵空幽的玄妙感觉，人们热爱明月，欣赏明月，所以对新月易沉、缺月迟上有着深深的遗憾。然而，天有阴晴，月有圆缺，自古事就难全，这是自然规律，只有顺乎自然，心中有一轮月，这样，生活就会少些遗憾，多些圆满。

躬耕吾所不能

【原文】

躬耕吾所不能，学灌园而已矣；樵薪吾所不能，学薙草而已矣。

【原评】

汪扶晨曰：不为老农，而为老圃，可云半个樊迟。

释菌人曰：以灌园、薙草自任自待，可谓不薄。然笔端隐隐有“非其种者，锄而去之”之意。

王司直曰：予自名为识字农夫，得毋妄甚！

【译文】

我不能做到耕地种田，只好学学浇菜园花圃了；我不能做到上山砍柴，只好学学除杂草了。

一恨书囊易蛀

【原文】

一恨书囊易蛀，二恨夏夜有蚊，三恨月台易漏，四恨菊叶多焦，五恨松多大蚁，六恨竹多落叶，七恨桂荷易谢，八恨薜萝藏虺，九恨架花生刺，十恨河豚多毒。

【原评】

江药庵曰：黄山松并无大蚁，可以不恨。

张竹坡曰：安得诸恨物尽有黄山乎！

石天外曰：予另有二恨：一曰才人无行，二曰佳人薄命。

【译文】

第一遗憾的是书袋子容易被虫咬坏，第二遗憾的是夏天夜晚的蚊子太多，第三遗憾的是赏月的高台上时光易流逝，第四遗憾的是菊花多干枯，第五遗憾的是松树上大蚂蚁太多，第六遗憾的是竹子多落叶，第七遗憾的是桂花、荷花容易凋谢，第八遗憾的是薜荔和女萝中会藏有毒蛇，第九遗憾的是架上的花多刺，第十遗憾的是河豚多有剧毒。

【评析】

人生在世，终会有得有失，不可能事事如意，也不可能一帆风顺，在生活中总会有圆满，有缺憾，这就是生活。本段文字就指出在生活中出现的十种现象，书蠹蛀书、蚊子叮人、大蚁损松，或危害人类，或破坏人的生存环境，或减灭人的财富，而月台易漏、河豚多毒，或因赏月而费时，或以享美味而担生命风险，于人有得亦有失。至于菊叶多焦、竹多落叶、桂荷易谢、薜萝藏虺、架花生刺，则属于美中不足。像这几种不尽人意的事情，还很多。

不过，随着文明的发展、科学的进步，人类对自然的驾驭能力不断加强，人们都可以有效防御甚至消灭这些现象。但是这要经过我们艰辛的努力，去寻找可以解决问题的办法。人类在发展，我们生命的意义也就在于不断向着更完美、更高层次的方向追求。这就需要人们不断改变、奋斗，为了更美好的明天而拼搏。

楼上看山

【原文】

楼上看山，城头看雪，灯前看月，舟中看霞，月下看美人，另是一番情境。

【原评】

江允凝曰：黄山看云，更佳。

倪永清曰：做官时看进士，分金处看文人。

毕右万曰：予每于雨后看柳，觉尘襟俱涤。

尤谨庸曰：山上看雪，雪中看花，花中看美人，亦可。

【译文】

从楼上看远山，从城头上看皑皑白雪，在灯下看月光，身在小船中看晚霞，朦胧月色下看佳人，看到的又是另一种情景。

山之光

【原文】

山之光，水之声，月之色，花之香，文人之韵致，美人之姿态，皆无可名状，无可执著，真足以摄召魂梦，颠倒情思。

【原评】

吴街南曰：以极有韵致之文人，与极有姿态之美人，共坐于山、水、花、月间，不知此时魂梦何如？情思何如？

【译文】

山光，水声，月色，花香，文人的精神气质，佳人的优美姿态，都无法具体描写，无法做具体把握，确实足以令人魂牵梦绕，情思颠倒。

【评析】

山光、水声、月色、花香，都是大自然灵动的产物，给人许多美的遐想，于是也就成了诗人笔下的宠物；文人的神韵气质、美人的婀娜姿态，总使人销魂落魄，心旷神怡，于是文人们纷纷以它们作为抒发自己情感的饰物。

自然界中的事物都是有灵性的，山光富于变幻，水声、花香也不同，月色、文人的风神韵致与美人的姿态都是无法具体把握的。因为这样，人们更易于展开想象，对美的对象进行加工创造，于是加工出来的作品就更使人神往、仰慕。

如写美人笑容的“回眸一笑百媚生，六宫粉黛无颜色”，就是空灵出神，绝妙无穷。空灵往往给人似是而非，若有所得，又确乎没有得到；若有所悟，其实又没彻底领悟的感觉，这就是诗人在具象中看到的事物，灵气而有韵味的一方面。

假使梦能自主

【原文】

假使梦能自主，虽千里无难命驾，可不羡长房之缩地；死者可以晤对，可不需少君之招魂；五岳可以卧游，可不俟婚嫁之尽毕。

【原评】

黄九烟曰：予尝谓“鬼有时胜于人”，正以其能自主耳。

江含徵曰：吾恐“上穷碧落下黄泉，两地茫茫皆不见”也。

张竹坡曰：梦魂能自主，则可一生死，通人鬼，真见道之言也。

【译文】

假使做梦能够自己做主的话，即使在千里之外也可以到达，就不用羡慕长房的缩地术了；假使做梦可以与死人面对面说话，那就不需要李少君招魂了；假使能在梦里畅游五岳，也就不必等到婚嫁之事办完之后，再做远行了。

假使梦能自主

昭君以和亲而显

【原文】

昭君以和亲而显，刘蕡以下第而传。可谓之不幸，不可谓之缺陷。

【原评】

江含徵曰：若故折黄雀腿而后医之，亦不可。

尤悔庵曰：不然，一老宫人，一低进士耳。

【译文】

王昭君以出塞和亲而名留千古，刘蕡因直言宦官之祸被罢黜进士第而得以流传后世。这可以说是他们的不幸，但不能说是缺陷。

【评析】

昭君出塞，在古代文学创作中，多赋予悲剧主题，是“不幸”的直接承担者；唐代的刘蕡，在考试对策中，直言宦官之祸，终为考官黜退。这对于以读书中举、做官显达为正途的文人来说，同样“可谓之不幸”。昭君未能侍君而远嫁匈奴，刘蕡未及第而才能埋没，这些在当时看来都是不幸，可是昭君以和亲而显名，刘蕡的铮铮硬骨和浩然正气，为世人所津津乐道，此乃是不幸中之大幸。

有时事情的发展不是绝对的，“置之死地而后生”可能就是这个意思吧。王昭君、刘蕡的事件人人都认为是不幸的事情，可是就是他们的不幸才得以流传百世，扬名千古，这样的事难道只能用不幸来概括吗？

以爱花之心爱美人

【原文】

以爱花之心爱美人，则领略自饶别趣；以爱美人之心爱花，则护惜倍有深情。

【原评】

冒辟疆曰：能如此，方是真领略、真护惜也。

张竹坡曰：花与美人何幸，遇此东君。

【译文】

用爱鲜花的心情去爱惜美人，会有另一番情趣；用爱怜美人的心情去爱惜鲜花，那么爱护鲜花的情意会成倍增加。

美人之胜于花者

【原文】

美人之胜于花者，解语也；花之胜于美人者，生香也。二者不可得兼，舍生香而取解语者也。

【原评】

王勿翦曰：飞燕吹气若兰，合德体自生香，薛瑶英肌肉皆香。则美人又何尝不生香也！

【译文】

美人胜于鲜花的地方，在于她知晓人意；鲜花胜于美人的地方，在于它可以散发芳香。这两者是不可能同时拥有的，就只有舍弃散发香味的鲜花而选择知晓人意的美人了。

【评析】

人与人之间的相互信任相互尊重是十分重要的。人们之间如果少了信任和尊重，那么就少了人与人之间交流的乐趣。

孟子曰："鱼我所欲也，熊掌亦我所欲也，二者不可得兼，舍鱼而取熊掌者也。"对于作者所说的鲜花与美人，亦如此。鲜花香味扑鼻甚得世人所钟爱，美人的善解人意更为重要。

鲜花虽然美丽，但是它只是人们在观赏时抒发闲情逸致的一种寄托，终不解人意。但是美人就不同了，她不仅有美貌还有温和的性情，当夜深孤寂时，美人会给人以抚慰；当悲伤失望时，美人会给人以劝解与安慰，这些都是鲜花无法做到的。所以，作者说，鲜花与美人不可得兼，愿舍鲜花而取美人。由此可见，人们之间心有灵犀的思想、情感交流仍是第一位的。

窗内人于窗纸上作字

【原文】

窗内人于窗纸上作字，吾于窗外观之，极佳。

【原评】

江含徵曰：若索债人于窗外纸上画，吾且望之却走矣。

【译文】

窗里面有人在窗纸上写字，我在窗外面观看，十分好看。

少年读书

【原文】

少年读书，如隙中窥月；中年读书，如庭中望月；老年读书，如台上玩月。皆以阅历之浅深为所得之浅深耳。

【原评】

黄交三曰：真能知读书痛痒者也。

张竹坡曰：吾叔此论，直置身广寒宫里，下视大千世界，皆清光似水矣。

毕右万曰：吾以为学道亦有浅深之别。

【译文】

少年时读书，就像从缝隙中看天上的明月一样；中年时读书，就像在庭院中观赏月亮一样；老年时读书，就像站在高台之上观看明月一样。这都是从他们生活阅历的多少，来看他们获得知识的多少的。

【评析】

人生就是一部大书，在不同的阶段，就会有不一样的内涵。同样，人生的各个阶段对于书本知识的诠释也是不一样的。我们在小学的时候看一本书和在初中时看一本书的结果肯定是不同的。这就说明人生阅历的深浅对一个人的影响是十分重要的。当我们还是小孩子的时候把所有的事情看得非常幼稚，当我们渐渐长大时，就会感觉当初的思想是多么可笑，可是处在那个年龄段的孩子的心态都是一样的。于是我们可以看出不同的人生阶段，对事物的理解、感受是迥然有别的。

读书就是不断提高人的修养和人生阅历的一种手段，读书可开阔视野，陶冶性情，储备知识，为日后做准备。

本段文字就从“隙中窥月”“庭中望月”“台上玩月”形象说明了读书的三种境界。随着人生阅历的不断丰富，读书的境界将会愈来愈高。少年时，阅历浅，领悟能力低，读书多就看表面意思，而不懂深解，就像从缝隙中看月亮；中年时，生活阅历相对加深，读书可触类旁通，举一反三，就像在庭院中望月，看问题全面，也更加深刻；老年时，经历了人生的风风雨雨，看问题见解独特，读书不仅能解字外寓意，甚至对书本的理解超乎作者的寓意，如月台观月，深入浅出。

吾欲致书雨师

【原文】

吾欲致书雨师：春雨宜始于上元节后（观灯已毕），至清明十日前之内（雨止桃开），及谷雨节中；夏雨宜于每月上弦之前，及下弦之后（免碍于月）；秋雨宜于孟秋、季秋之上、下二旬（八月为玩月胜境）；至若三冬，正可不必雨也。

【原评】

孔东塘曰：君若果有此牍，吾愿作致书邮也。

余生生曰：使天而雨粟，虽自元旦雨至除夕，亦未为不可。

张竹坡曰：此书独不可致于巫山雨师。

吾欲致书雨师

【译文】

我想写信给雨师：春天的雨最好在上元节后才开始下（那时观花灯已结束了），一直到清明前十天之内（雨停桃花开），还有到谷雨这天；夏雨适合在每月的初七、初八之前，二十二或二十三之后（以免妨碍赏月）；秋雨最好在孟秋、季秋的上旬或下旬下（八月是赏月的最佳时节）；至于到了数九严寒的隆冬，那就不需要下雨了。

【评析】

花好月圆是人间美景，是人们都期望看到的事物。然花开有时，这种美好的景致常常被落雨所破坏，这对嗜好赏花玩月的人来说，确实大煞风景，而这段文字就是作者围绕这一事件而写的。作者在文中写出了什么时间适合下雨，什么时间不适合下雨，有利于观花赏月。但是作者却不曾想到庄稼如果没有雨水怎么生长，观花、赏月择时，难道庄稼生长不择时吗？

作者的这种思想显然是闲适者的思想，和农民有着很大的隔阂。他是以自己的意志为出发点的，根本没有想到农民的生存不是靠赏花观月就可以得来的。

为浊富

【原文】

为浊富，不若为清贫；以忧生，不若以乐死。

【原评】

李圣许曰：顺理而生，虽忧不忧；逆理而死，虽乐不乐。

吴野人曰：我宁愿为浊富。

张竹坡曰：我愿太奢，欲为清富，焉能遂愿！

【译文】

做一个肮脏的富贵者，不如做一个清高的贫穷者；忧郁地活着，还不如快乐地死去。

天下唯鬼最富

【原文】

天下唯鬼最富，生前囊无一文，死后每饶楮镪；天下唯鬼最尊，生前或受欺凌，死后必多跪拜。

【原评】

吴野人曰：世于贫士，辄目为穷鬼，则又何也？

陈康畴曰：穷鬼若死，即并称尊矣。

【译文】

天下只有鬼是最富的，他们生时口袋空空，死后往往有大量的纸钱；天下只有鬼最尊贵，活着时或者会遭受凌辱，死后却会受到许多人的跪拜。

【评析】

俗话说："人鬼殊途。"人在世时都得不到的待遇，为什么在死后就能得到人们的尊重呢？这也许是历来人们都相信鬼神存在的缘故吧。

本段文字就是说明人在生前的待遇还不如死后高，作者写这篇文章的用意何在呢？原来当时社会上一直都存在着这样一种现象：腰缠万贯，不愿拔一毛济天下，却用重金修寺观，以求来世更加富贵；见有衣不覆体、食不果腹的人而置之不理，却出重金办道场以超度亡灵。一人生前，或穷困潦倒、举步维艰却得不到别人的救助，或贫贱位低而常常遭人白眼，但死后祭拜者络绎不绝，灵位前香火鼎盛，纸钱飘飘。这是因为他们惧鬼作祟，祈求神鬼保佑。

这则文字以人的生前身后遭遇处境的巨大反差，对世俗愚昧进行了辛辣调侃，对世态炎凉、人情冷暖做了犀利批判。

蝶为才子之化身

【原文】

蝶为才子之化身，花乃美人之别号。

【原评】

张竹坡曰：蝶入花房香满衣，是反以金屋贮才子矣。

【译文】

蝴蝶是才子的化身，鲜花是美人的别号。

因雪想高士

【原文】

因雪想高士，因花想美人，因酒想侠客，因月想好友，因山水想得意诗文。

蝶为才子之化身

【原评】

弟木山曰：余每见人一长、一技，即思效之；虽至琐屑，亦不厌也。大约是爱博而情不专。

张竹坡曰：多情语令人泣下。

尤谨庸曰：因得意诗文，想心斋矣。

李季子曰：此善于设想者。

陆云士曰：临川谓："想内成，因中见。"与此相发。

【译文】

因为白雪想到了隐士高人，因为鲜花想到了美人，因为美酒想到了侠客，因为明月想到了好友，因为山水想到了得意的诗文创作。

【评析】

作为一种心理现象，联想活动能够发生，这与被联想物之间有一种必然的联系。

这则文字由白雪、鲜花、美酒、明月、山水分别联想到隐士、美人、侠客、友人、诗文，正在于他们彼此之间有割舍不断的关系与相通的特性。

雪洁白纯净，与隐居避世的高士相通；鲜花美丽，正像娇媚的美人；美酒使人想起性格豪放，敢于直面危难，济贫扶弱的侠士；看着当空明月令人想起身处两地的好友；山水像是巧夺天工的一幅充满诗情画意的绝美画卷，置身山水间使人想起文人墨客的神来之笔。

生活中，因有了这样的联想，就多了许多情调与意味。这些联想颇具经典意味，令人回味不已。

闻鹅声

【原文】

闻鹅声，如在白门；闻橹声，如在三吴；闻滩声，如在浙江；闻骡马项下铃铎声，如在长安道上。

【原评】

聂晋人曰：南无观世音菩萨摩诃萨。

倪永清曰：众音寂灭时，又作么生话会？

【译文】

听到鹅叫的声音，就好像到了金陵的白门；听到摇橹声，就好像身处三吴之地；听到水拍滩头的声音，就好像身处浙江之地；听到骡马颈下的铃铛响，就像走上了长安故道一样。

一岁诸节

【原文】

一岁诸节，以上元为第一，中秋次之，五日、九日又次之。

【原评】

张竹坡曰：一岁当以我畅意日为佳节。

顾天石曰：跻上元于中秋之上，未免尚耽绮习。

【译文】

一年之中的各种节日，应以元宵节为第一，中秋节第二，端午节、重阳节为三、四。

雨之为物

【原文】

雨之为物，能令昼短，能令夜长。

【原评】

张竹坡曰：雨之为物，能令天闭眼，能令地生毛，能为水国广封疆。

【译文】

雨，能让白天变短，能令黑夜变长。

古之不传于今者

【原文】

古之不传于今者，啸也、剑术也、弹棋也、打毬也。

【原评】

黄九烟曰：古之绝胜于今者，官妓、女道士也。

张竹坡曰：今之绝胜于古者，能吏也、猾棍也、无耻也。

庞天池曰：今之必不能传于后者，八股也。

【译文】

古代盛行而没有流传到现在的事物，有啸、剑术、弹棋、打毬等绝技。

【评析】

社会的发展变化，一直遵循着一个规律：物竞天择，适者生存。人、物都是一样的。优胜劣汰也是一个必然的结果。古代的文化也好，艺术也罢，在传承的过程中总是要经过历史的筛选，然后留下一部分。我们现在的文化也是一样，它是在汲取前人成果的基础上，不断更新、不断嬗变而来的。有的东西在今天其原始形式已不能再见，它或化为营养，滋生了新的形式；或变革改进，成了另一种东西；或作为一种积淀，已经根植于我们的文化中了。

诗僧时复有之

【原文】

诗僧时复有之，若道士之能诗者，不啻空谷足音，何也？

【原评】

毕右万曰：僧、道能诗，亦非难事；但惜僧、道不知禅玄耳。

顾天石曰：道于三教中，原属第三。应是根器最钝人做，那得会诗！轩辕弥明，昌黎寓言耳。

尤谨庸曰：僧家势利第一，能诗次之。

倪永清曰：我所恨者，辟谷之法不传。

【译文】

能够作诗的僧人经常可以见到，能够作诗的道士，怎么就这么难见到呢？这是什么原因呢？

当为花中之萱草

【原文】

当为花中之萱草，毋为鸟中之杜鹃。

【原评】

袁翔甫补评曰：萱草忘忧，杜鹃啼血。悲欢哀乐，何去何从？

【译文】

应当做花草中的萱草，而不去做鸟中的杜鹃。

【评析】

民间有一种萱草，又名忘忧，传说能解人忧愁，于是诗人便种植此花，想以此寄托感情，使自己从忧愁中走出来；而吟咏此花，就成了诗人企图排解忧愁的一种手段。作者也是其中的一人，于是他就借萱草的说法，表达自己的心声：过一种无忧无虑的自由自在的生活。

作者还在文中提到“毋为鸟中之杜鹃”，这又有什么说法呢？传说杜鹃恰与萱草相反，它是一种哀愁凄楚的象征。萱草使人忘忧，杜鹃则增人哀感。杜鹃在历代文人的笔下，都是哀怨的象征。如唐代诗人杜甫《杜鹃》中说：“杜鹃暮春至，哀哀叫其间。”宋词人辛弃疾《定风波·百紫千红过了春》词中说：“百紫千红过了春，杜鹃声苦不堪闻。”这些和作者写杜鹃的用意是一样的。

当为花中之萱草，毋为鸟中之杜鹃

物之稚者

【原文】

物之稚者，皆不可厌，惟驴独否。

【原评】

黄略似曰：物之老者，皆可厌，惟松与梅则否。

倪永清曰：惟癖于驴者，则不厌之。

【译文】

稚嫩弱小的动物，都不令人生厌，只有驴除外。

【评析】

幼小的动物都是十分招人喜欢的，可是作者单单把驴排除在外，这是为什么呢？在中国古代，驴不仅是人们主要的生产工具，还是重要的交通工具。但是人们却用一些什么驴头驴脸、蠢笨如驴、驴脾气、驴不知自丑等说法来说驴，这种倾向表明了在古代人们确实不喜欢驴。出现这种情况，大概与驴本身的一些特征有关吧。驴脸长而丑，笨而缺少灵气，性情倔强固执。但是仅凭这一点就将驴贬得这么低，似乎有点欠公正。

由此我们可想到，为人有各种风格，不可强求一律，不可以貌取人，用别人的缺点来否认所有的优点。

女子自十四五岁至二十四五岁

【原文】

女子自十四五岁至二十四五岁，此十年中，无论燕、秦、吴、越，其音大都娇媚动人；一睹其貌，则美恶判然矣。“耳闻不如目见”，于此益信。

【原评】

吴听翁曰：我向以耳根之有余，补目力之不足；今读此，乃知卿言亦复佳也。

江含徵曰：帘为妓衣，亦殊有见。

张竹坡曰：家有少年丑婢者，当令隔屏私语，灭烛侍寝。何如？

倪永清曰：若逢美貌而恶声者，又当何如？

【译文】

女子从十四五岁到二十四五岁，这十年中，无论是燕、秦、吴、越哪个地方的人，她们的声音大都娇媚动听；只要一看到她们的面貌，就可以判断她们的美丑了。“耳闻不如目见”由此我更深信不疑了。

【评析】

世界上的事情不可能是完美到极致的，人们总是把事物想象得比事物的本身要好。世上的女子也是如此。声音甜美、容貌姣好固然是完美的佳人了，可世上又不可能有那么多完美的人，不少人声音和相貌判若两人，根本不像我们所想到的声如其貌。这则文字通过人声与貌的不一致，听说与见到的不相统一，说明了事物眼见为实的道理。

任何人之间是有差别的，这也包括审美方面的差别。人们的审美观不同，就生成了对事物的认识不一样的结果。所以他人眼中的完美事物，可能不是你所认为最好的。这就是“眼见为实，耳听为虚”。

以人论，不光是女子声和貌不能和谐统一。有善于标榜、伪装的；有善于夸夸其词的，盛名之下其实难副。仅耳闻不目睹，是很难识人的真面目的。于是更印证了“百闻不如一见”这句人生的至理名言。

寻乐境

【原文】

寻乐境，乃学仙；避苦趣，乃学佛。佛家所谓“极乐世界”者，盖谓众苦之所不到也。

【原评】

江含徵曰：着败絮行荆棘中，固是苦事；彼披忍辱铠者，亦未得优游自到也。

陆云士曰：空诸所有，受即是空。其为苦乐，不足言矣，故学佛优于学仙。

【译文】

要想寻找快乐的地方，就去学成仙的方法；要逃避痛苦和烦恼，就去学习成佛。佛家所说的“极乐世界”，大概就是所说的没有痛苦的地方。

富贵而劳悴

【原文】

富贵而劳悴，不若安闲之贫贱；贫贱而骄傲，不若谦恭之富贵。

【原评】

曹实庵曰：富贵而又安闲，自能谦恭也。

许师六曰：富贵而又谦恭，乃能安闲耳。

张竹坡曰：谦恭安闲，乃能长富贵也。

张迂庵曰：安闲乃能骄傲，劳悴则必谦恭。

【译文】

如果富贵了而忧愁、劳累，倒不如贫贱时却安闲自在；如果清贫却骄傲自大，那就不如富贵但却谦逊有礼的好。

目不能自见

【原文】

目不能自见，鼻不能自嗅，舌不能自舐，手不能自握，惟耳能自闻其声。

【原评】

弟木山曰：岂不闻心不在焉、听而不闻乎？兄其诳我哉！

张竹坡曰：心能自信。

释师昂曰：古德云：眉与目不相识，只为太近。

【译文】

眼睛不能看到自己，鼻子不能闻到自己，舌头不能舔到自己，手不能握住自己的手，只有耳朵能听见自己的声音。

凡声皆宜远听

【原文】

凡声皆宜远听，惟听琴则远近皆宜。

【原评】

王名友曰：松涛声、瀑布声、箫笛声、潮声、读书声、钟声、梵声，皆宜远听；惟琴声、度曲声、雪声，非至近不能得其离合抑扬之妙。

庞天池曰：凡色皆宜近看，惟山色远近皆宜。

【译文】

所有的声音都适合在远处听，只有琴声远听近听皆适宜。

【评析】

自然界中的声音有多种，人们喜欢听优雅悦耳的声音、和谐优雅的音乐，和震耳欲聋的噪音给人的感觉是不一样的，所以人们对危害人身心健康的噪音避之唯恐不及。

音乐是一种特殊的声音，听音乐是一种美的享受，于是欣赏的音乐的性质和种类不同就会产生不同的效果。人们听到低音时会产生深沉的感觉；当听到高音时会感觉心胸开阔；听到欢乐、节奏感强的乐曲时，人的精神就会为之振奋；听到轻柔、节奏缓慢的乐曲时，精神放松，心情舒畅。

我们在听到声音时，根据远近的不同，也有不一样的感觉。琴声优美可以给人身心愉悦的感觉，于是远听近听都可以。

目不能识字

【原文】

目不能识字，其闷尤过于盲；手不能执管，其苦更甚于哑。

【原评】

陈鹤山曰：君独未知今之不识字、不握管者，其乐尤过于不盲、不哑者也。

【译文】

长了眼睛却不认得字，这比瞎子还要苦闷；生有双手而不会执笔写字，比哑巴还要痛苦。

【评析】

文字的出现是人类社会进步的表现。有了文字，人类的历史文化得以传承下来。对个人而言，能读书写字，可以了解历史、接受前人的科技文化成果；可以开阔眼界，增长知识；可以了解在日常生活中，所不能接触到的鲜为人知的东西；可以及时掌握各种信息，学习最新

目不能识字，其闷尤过于盲

的知识。而执笔写字，可以与外界沟通、交流，表达自己的思想和观点；并且可著书立说，留下自己的文章供后人阅读。总之，文字给人类带来了发展与便利。

读书识字是全社会的需要，古代劳动人民同样有思想感情，有求知的欲望。可是他们目不识丁，不能用文字来书写文章表达感情、进行交流，这种痛苦比目盲不能见物、口哑不能说话，更让人痛苦。于是，张潮道出了人们渴望读书识字、要求掌握文字的心声。

并头联句

【原文】

并头联句，交颈论文，宫中应制，历使属国，皆极人间乐事。

【原评】

狄立人曰：既已并头、交颈，即欲联句、论文，恐亦有所不暇。

汪舟次曰：历使属国，殊不易易。

孙松坪曰：邯郸旧梦，对此惘然。

张竹坡曰：并头、交颈，乐事也；联句、论文，亦乐事也。是以两乐并为一乐者，则当以两夜并一夜方妙。然其乐一刻，胜于一日矣。

沈契掌曰：恐天亦见妒。

【译文】

头靠头对句作诗，颈对颈谈论诗文，在宫中应皇上之命撰写文章，身为钦差走遍各国，都是世间最快乐的事。

《水浒传》武松诘蒋门神云

【原文】

《水浒传》武松诘蒋门神云："为何不姓李？"此语殊妙。盖姓实有佳有劣，如华、如柳、如云、如苏、如乔，皆极风韵；若夫毛也、赖也、焦也、牛也，则皆尘于目而棘于耳者也。

【原评】

先渭求曰：然则君为何不姓李耶？

张竹坡曰：止闻今张昔李，不闻今李昔张也。

【译文】

《水浒传》中武松问蒋门神说："为什么不姓李？"这句话问得好，因为姓氏确实也有好坏之别，如姓华、姓柳、姓苏、姓乔，都十分雅致，至于姓毛、赖、焦、牛，都是看起来不雅观听起来更刺耳。

【评析】

这则文字所引武松话，作者在这里则是断章取义，借武松之口来阐发他所谓的"姓实有佳有劣"的见解。其实，姓也只是表明家族系统的称号，一个代表人物的标志而已，姓本身并无优劣之分。只不过有些汉字听起来比较雅致，比较容易接受，比如姓华、姓柳、姓云、姓苏、姓乔。而赖、焦、毛、牛却不能使人展开美好的联想，使人听起来比较生僻，而又没有美感可言。

姓氏根本无优劣可言，继自于祖宗，作者无非是由其中一个义项产生的联想，没什么科学根据。所以作者的这一理论，也无太多意义，没有什么深刻的内涵，只是他突发奇想而已。

《水浒传》武松诘蒋门神云

花之宜于目而复宜于鼻者

【原文】

花之宜于目而复宜于鼻者，梅也、菊也、兰也、水仙也、珠兰也、莲也；止宜于鼻者，橼也、桂也、瑞香也、栀子也、茉莉也、木香也、玫瑰也、腊梅也。余则皆宜于目者也。花与叶俱可观者，秋海棠为最，荷次之，海棠、酴醾、虞美人、水仙又次之；叶胜于花者，止雁来红、美人蕉而已；花与叶俱不足观者，紫薇也、辛夷也。

【原评】

周星远曰：山老可当花阵一面。

张竹坡曰：以一叶而能胜诸花者，此君也。

【译文】

鲜花中既美观好看又芳香宜人的是：梅、菊、兰、水仙、珠兰、莲；芳香宜人只适宜闻的是：橼、桂、瑞香、栀子、茉莉、木香、玫瑰、腊梅。其余的都只是好看而已。花和叶都十分漂亮可观的，秋海棠是最佳的，荷花还在其次，海棠、酴醾、虞美人、水仙又排在了荷花的后面。叶子比花还要好看的，只有雁来红和美人蕉而已；花和叶都不值得观赏的是紫薇和辛夷。

高语山林者

【原文】

高语山林者，辄不善谈市朝事。审若此，则当并废《史》《汉》诸书而不读矣。盖诸书所载者，皆古之市朝也。

【原评】

张竹坡曰：高语者，必是虚声处士；真入山者，方能经纶市朝。

【译文】

高谈阔论山林隐逸之事的人，就不喜欢谈论市井朝廷的事。果然是这样的话，就应该放弃《史记》《汉书》等书不去读它。因为这些书所记载的，都是古代社会争名逐利的事情。

【评析】

“高语山林者，辄不善谈市朝事”这句话主要谈论古代的隐士，一旦走出尔虞我诈的官场生涯，就不再谈国家之事、朝廷之事。其实这不是真的隐士。真正的隐士虽然隐居山林，可是他依然会关注社会的变化，只是置身事外而已，可是他们往往能比深陷于俗世之中的人看问题更透彻。隐士们对现实社会有着入木三分的认识，其所以走出市朝，保其素贞，正在于他们充分认清了社会的本质，而不愿同流合污。而要放弃读《史记》《汉书》等经典著作这是不合适的，身在世外，而了解其中内情，才是真正心忧天下的真隐士的胸怀。

云之为物

【原文】

云之为物，或崔巍如山，或潋滟如水，或如人，或如兽，或如鸟毳，或如鱼鳞；故天下万物皆可画，惟云不能画。世所画云，亦强名耳。

【原评】

何蔚宗曰：天下百官皆可做，惟教官不可做。做教官者，皆谪戍耳。

张竹坡曰：云有反面、正面，有阴阳、向背，有层次、内外。细观其与日相映，则知其明处乃一面，暗处又一面。尝谓古今无一画云手，不谓《幽梦影》中先得我心。

【译文】

云飘游天空幻化为物，有时像高大雄伟的山，有时像汹涌而来的水，有时候像人，有时候像野兽，有时候像鸟的羽毛，有时候像鱼鳞。所以天下万物皆可以画出来，只有云不能入画。世人所画的云，也只能勉强叫作云罢了。

【评析】

绘画是一项高雅的艺术，绘画源于自然、生活，又高于自然、生活。要能用绘画反映出事物的本来面目，那就需要绘画者有较高的素质和绘画方面的修养。作者这则文字对“云”的种种描述，可见出作者对自然造化的细微体察。作者观察事物，从事物本身入手，对自然亲身体察，而不是效仿，清初复古派提倡摹写古人名画，所以作者的观点有着自己独特的见解。

值太平世

【原文】

值太平世，生湖山郡；官长廉静，家道优裕；娶妇贤淑，生子聪慧。人生如此，可云全福。

【原评】

许篠林曰：若以粗笨愚蠢之人当之，则负却造物。

江含徵曰：此是黑面老子要思量做鬼处。

吴岱观曰：过屠门而大嚼，虽不得肉，亦且快意。

李荔园曰：贤淑、聪慧，尤贵永年，否则福不全。

【译文】

处在太平盛世，生活在有山有水的地方，地方官廉洁清正，自己家境富裕，娶一个贤惠淑德的妻子，生有聪明伶俐的孩子。人生若能够这样，可算是美满幸福了。

【评析】

人们对美好生活的向往是生来就有的，古往今来都是如此，文中写“值太平世，生湖山郡；官长廉静，家道优裕；娶妇贤淑，生子聪慧”这六个方面。这几方面，无不涉及生存环境与空间。主要写的是社会时代环境，生存地理环境，地方政治环境，具体家庭环境。无论何时这几方面都与人们的生活息息相关。

作者生活在顺康时期，清初动荡，他深知乱离之苦，这样的遭遇在他少年时的心中投下阴影。于是他对太平安定格外看重，故写“值太平世”为人生全福之首。又封建社会吏治腐败，官吏滋事扰民普遍存在，所以他希望社会上“官长廉静”；而自己则希望深处政事之外，“生湖山郡”；“娶妇贤淑，生子聪慧”则是世代人所共同的心愿。作者写这段文字无疑反映了他的生活态度。

天下器玩之类

【原文】

天下器玩之类，其制日工，其价日贱，毋惑乎民之贫也。

【原评】

张竹坡曰：由于民贫，故益工而益贱。若不贫，如何肯贱？

【译文】

世上供人赏玩的器皿，它们的制作越来越精致，价格却越来越低，于是就不用怀疑世人越来越贫穷了。

养花胆瓶

【原文】

养花胆瓶，其式之高低大小，须与花相称；而色之浅深浓淡，又须与花相反。

【原评】

程穆倩曰：足补袁中郎《瓶史》所未逮。

张竹坡曰：夫如此，有不甘去南枝而生香于几案之右者乎？名花心足矣。

王宓草曰：须知相反者，正欲其相称也。

【译文】

养花的花瓶，它们的高低、大小、形状，必须要与花的大小、高

养花胆瓶，其式之高低大小，须与花相称

低成比例；而花瓶颜色的深浅、浓淡，又必须要与花相反。

【评析】

这则文字是讲插花的艺术的。在我们日常生活中，插花可能不被人们所注意，但是如果插花时不讲究艺术，就会影响人们的视觉感受。在美学分析的角度上，插花极讲究适应、整齐、对称等，这些因素直接关系到审美的效果。

这则文字所论，可谓当行，表现出了作者对插花的在行及其出色的审美眼光。就插花而言，插花者要从他对花与花瓶的选择以及花瓶与花在大小、颜色的搭配上，进行精心调配。否则，以硕大的花瓶插上几株细瘦的小花，或小巧的花瓶插上花繁叶茂的大花，都失去和谐，让人感到滑稽。这样的搭配已经破坏了和谐，所以即使作为局部的花与花瓶再美，也无法让人产生美感。

从花瓶与花的颜色搭配上看，同样很有讲究，作者就指出“色之浅深浓淡，又须与花相反”，相反，才能以色差形成鲜明对比，相互映衬，更见艳丽。

春雨如恩诏

【原文】

春雨如恩诏，夏雨如赦书，秋雨如挽歌。

【原评】

张谐石曰：我辈居恒苦饥，但愿夏雨如馒头耳。

张竹坡曰：赦书太多，亦不甚妙。

【译文】

春雨就像皇帝颁布施恩的诏书，夏雨就像国家颁布的赦令，秋雨就像哀悼丧者的挽歌。

【评析】

雨在不同的时节起着不同的作用，也给人和社会带来不一样的影响。这里连用三个比喻，分别形容春雨、夏雨、秋雨，道出了人们对不同季节雨的不同感受。

俗话说："春雨贵如油。"春天万物复苏，大地上的生物在经历过严寒的冬天之后，终于迎来了春天，春雨可以给万物的生长带来新的活力。杜甫的"好雨知时节，当春乃发生。随风潜入夜，润物细无声"，描绘春雨的轻柔可爱，表达出喜悦之情。春雨给人们带来欣喜。这就像政治上的，封建帝王高居龙庭，金口玉言，其能降恩颁旨、减租免税，无疑如久旱遇甘霖，作者把春雨比作皇上的诏书，可谓形象。

夏季酷热，古时人们没有更好的制冷办法，人们只有忍受炎热与潮闷的煎熬。在人闷热难受之际，雨是可以给人们带来凉爽的，于是夏雨的到来，可以洗去人们的闷倦，那痛快淋漓的情景是可以想见的。这就像戴罪或锒铛在监的犯人得到了赦罪的诏书，又获得了一次重生的机会。所以说，以赦书喻夏雨，是非常恰当的。

秋季万木萧条，秋雨也随着落叶的凋零而落下，在秋风秋雨中，树上枝叶激响，如泣如诉。秋雨时节，让人感到寒意，这与挽歌的凄切悲怨不乏相通之处。

以春雨、夏雨、秋雨比作恩诏、赦书、挽歌可以说一语双关，极其精辟。

十岁为神童

【原文】

十岁为神童，二十、三十为才子，四十、五十为名臣，六十为神仙，可谓全人矣。

【原评】

江含徵曰：此却不可知，盖神童原有仙骨故也，只恐中间做名臣时，堕落名利场中耳。

杨圣藻曰：人孰不想？难得有此全福！

张竹坡曰：神童、才子由于己，可能也；臣由于君，仙由于天，不可必也。

顾天石曰：六十神仙，似乎太早。

【译文】

如果十岁成为聪明伶俐的神童，二三十岁成为才子，四五十岁成为朝廷忠臣，六十岁过着神仙一样的生活，那么这样的人生就十全十美了。

武人不苟战

【原文】

武人不苟战，是为武中之文；文人不迂腐，是为文中之武。

【原评】

梅定九曰：近日文人不迂腐者颇多，心斋亦其一也。

顾定天曰：然则心斋直谓之武夫可乎？笑笑。

王司直曰：是真文人，必不迂腐。

【译文】

武人能够不轻率地进行战争，就是武夫中的文人；文人不固执迂腐，就是文人中的武将。

文人讲武事

【原文】

文人讲武事，大都纸上谈兵；武将论文章，半属道听途说。

【原评】

吴街南曰：今之武将讲武事，亦属纸上谈兵；今之文人论文章，大都道听途说。

【译文】

文人谈论军事，大多是纸上谈兵；武将谈论文章，多半是道听途说而来。

【评析】

文人精于文章，不懂得用兵作战的事情；武将只知道用兵打仗，不谙为文之道。那么有些文人大肆谈论军事，其实他们大多是纸上谈兵，而不知实战时的情况；武将评论文章，恐怕也是道听途说了，不知道其中实质所在。

《三国演义》中的马谡“自幼熟读兵书，颇知兵法”，但因丢失街亭被斩。正在于他尽信书本，不知变通，只能纸上谈兵，一到具体的实际作战时便无计可施了，最终因刚愎自用而大败。由此可知，仅靠读了几本兵书的人，就谈用兵之道的人，只能是纸上谈兵，而不会有什么大的作为。

文人无实战经验，只能纸上谈兵；武将论文，知之甚微，多是一知半解，人云亦云，也难有鲜见之名。

当然，张潮的这一结论也有其片面性。正如吴街南评此条说："今之武将论武事，亦属纸上谈兵；今之文人论文章，大都道听途说。"更为精辟地指出现今政事中存在的弊端。

斗方止三种可存

【原文】

斗方止三种可存：佳诗文一也，新题目二也，精款式三也。

【原评】

闵宾连曰：近年斗方名士甚多，不知能入吾心斋彀中否也？

【译文】

书画用纸只有三种可用：精美的诗文是其一，新颖的题目是其二，精致的款式是其三。

【评析】

这是一篇写古人诗画创作的文字，这里指拙劣的画技如同涂鸦不可取用，画中之物是作者心灵的再现。所以文中说出了古人对创作的一些说法。

斗方止三种可存

古典小说名著《儒林外史》中曾写到一批斗方名士，如赵雪斋、景兰江、支剑峰、匡超人等，并对他们的“雅集”、拈韵、写斗方有具体的描绘，大多是讽刺这些所谓的诗人书画，其实相当于低劣。

在中国古代社会，文酒诗会、诗人宴集唱和，是十分普遍的现象。而在他们的宴集唱和中，自不乏新颖的题目、出色的作品。文人雅集，相互切磋，对提高创作水平，激发创作热情不无助益；同时，对创作群体及创作流派的产生，也有推动作用。作者所说三个方面就是指的是斗方的款式，其争奇斗艳，各标新异，也多让人赏心悦目、文辞优美等。这些都是值得称道的地方。

情必近于痴而始真

【原文】

情必近于痴而始真，才必兼乎趣而始化。

【原评】

陆云士曰：真情种，真才子，能为此言。

顾天石曰：才兼乎趣，非心斋不足当之。

尤慧珠曰：余情而痴则有之，才而趣则未能也。

【译文】

感情一定要接近痴迷才算真诚，才华一定要具备情趣才能开始接近高超的境界。

【评析】

这里所说的是“情”和“趣”的重要性。情趣是人们在日常生活中的一种非常重要的表现，如果没有情趣贯穿于我们的生活，那么生活，就会没有意义。

文中说“情必近于痴而始真”，就是说情感达到痴迷，可谓一心集中于此，旁无他念，魂牵梦绕可谓真情。这种说法在晚明时期就出现了，他们张扬真情，又认为情的极致乃是痴癖，对痴癖多有鼓吹。如李贽、袁宏道、张岱等的语言中都表露了这一思想。这些言论正是对这种思潮的继承。

对“趣”的提倡，也为晚明新人文思潮的重要内容。有才华固然重要，但是有机趣幽默，才不显得古板，易于被人接受，为人们所喜欢。具体到为人，如祝枝山、唐伯虎的狂狷，李贽的滑稽排调，徐渭的诙谐谑浪，王思任的好谑成性，不胜枚举，都体现了谐趣。作者所主张的才必兼乎趣，实为此新思潮之一脉。

凡花色之娇媚者

【原文】

凡花色之娇媚者，多不甚香；瓣之千层者，多不结实。甚矣！全才之难也！兼之者，其惟莲乎！

【原评】

殷日戒曰：花、叶、根、实，无所不空，亦无不适于用，莲则全有其德者也。

贯玉曰：莲花易谢，所谓有全才而无全福也。

王丹麓曰：我欲荔枝有好花，牡丹有佳实，方妙。

尤谨庸曰：全才必为人所忌，莲花故名君子。

【译文】

凡是花的颜色娇艳妩媚的，大多没有浓郁的芳香；花瓣有很多层的，大多都不结果实；能够兼备这些优点的全才就更难得了。能够兼有这些的大概只有莲花了。

【评析】

“花色之娇媚者，多不甚香；瓣之千层者，多不结实”这正是上天以公正示人的表现。花不可能十全十美，具有娇艳的色泽，就可能没有怡人的香气；花瓣虽然有千层之多，但是不一定结果实。而只有莲花是花中的全才：花色美丽，花香袭人。刘禹锡曾在《爱莲说》中写：“出淤泥而不染，濯清涟而不妖；中通外直，不蔓不枝；香远益清，亭亭净植。”莲花成了高尚品质的象征，人们把莲花称为花中君子。

在花的世界里，像莲花这样品貌俱佳者极为难得。同样的道理，在茫茫人海中，全才也是很难得的。明白了这一道理，我们对人便不会求全责备了。

著得一部新书

【原文】

著得一部新书，便是千秋大业；注得一部古书，允为万世宏功。

【原评】

黄交三曰：世间难事，注书第一。大要于极寻常书，要看出作者苦心。

张竹坡曰：注书无难，天使人得安居无累，有可以注书之时与地为难耳。

【译文】

写出一本有意义的新书，就是成就了流传千古的千秋大业；注解一部古书，也有着富泽后世的大功劳。

【评析】

在古代著书立说被称为是“千古之大业，不朽之盛事”，可见古人对著书立说的行为给予了极高的评价。古人著书写文章，或探讨治乱兴衰的经验教训，或阐发社会历史的发展规律，或是进谏忠言，或是谈科学等，这些理论既为当前的社会服务，又对未来发展做了文化积累。这里所谓的“著得一部新书，便是千秋大业”，说的是同样的意思。

人类历史的每一步发展，都是在既有的成果为基础上发展而来的，他们汲取前人精华，经过自己的努力加工而使用，这是人们所公认的事实。而这些精华,便是以文字为载体流传下来的。要领略前人的智慧，必须阅读古人遗留下来的书籍，读古书主要是要扫除文字障碍、读懂领会。那么，为古书作注，就显得格外重要。文中所讲的“注得一部古书，允为万世宏功”，就是作者从这一角度立论而写的。

延名师训子弟

【原文】

延名师训子弟，入名山习举业，丐名士代捉刀，三者都无是处。

【原评】

陈康畴曰：大抵名而已矣，好歹原未必着意。

殷日戒曰：况今之所谓名乎！

【译文】

延请名师来教育子弟，跑到名山上去学习科举考试的学业，乞求名师来代替自己写文章，这三种方法都不可取。

【评析】

此段文字作者写了三种对子弟无益的举动。

“延名师训子弟”，希望可以在名师的悉心教导之下，可以学有所成，有所收获。但其于实际并无益，有时还有害。因为名师与学生悬殊太大，所教授的课程学生难以领悟；其次，学生也不能循序渐进、由浅入深地系统掌握知识，影响以后的进步。

其次，“入名山习举业”。名山风景秀丽，本身就是一幅精美画卷。身在其中固然可以激发人的灵感。名山之中，则不免为自然山水感染，灵气一生，手笔随自然灵动，于是可能会写下绝美诗篇；八股文写作则要求代圣人立言，不允许有个人见解。要精熟八股，只须熟背墨卷。入名山习举业，才思灵动，岂不是犯了八股文的大忌？注定了其举业的不能成功。

最后，“丐名士代捉刀”一句。“名士”檄文论著往往不按规范，不同于常人，令其代作公文，不免有违体式，其次，名士的性情自然与主人的身份、声气、修养不同，这样自然会被看出破绽，看来这更不可取。

积画以成字

【原文】

积画以成字，积字以成句，积句以成篇，谓之文。文体日增，至八股而遂止。如古文、如诗、如赋、如词、如曲、如说部、如传奇小说，皆自无而有。方其未有之时，固不料后来之有此一体也。逮既有此一体之后，又若天造地设，为世必应有之物。然自明以来，未见有创一体裁新人耳目者。遥计百年之后，必有其人，惜乎不及见耳！

【原评】

陈康畴曰：天下事，从意起。山来今日既作此想，安知其来生不即为此辈翻新之士乎！惜乎今人不及知耳。

陈鹤山曰：此是先生应以创体身得度者，即现创体身而为设法。

孙恺似曰：读《心斋别集》，拈四子书题，以五七言韵体行之，无不入妙，叹其独绝。此则直可当先生自序也。

张竹坡曰：见及于此，是必能创之者。吾拭目以待新裁。

【译文】

笔画积累起来汇集成为字，把字积累起来汇集成为句，句子积累起来成为篇，称之为文章。文体不断增加，到八股文时就停止了。像古文、诗、赋、词、曲、小说、传奇，这些都是从无到有的。当这种文体还没有出现的时候，不会想到有这种文体的出现；一旦这种文体出现之后就好像天造地设，这种文体一定会出现一样。但是从明朝以来还没有人创造出让人耳目一新的文体来。估计远在百年之后，一定会有创造新体的人，可惜我看不见了。

积字以成句

云映日而成霞

【原文】

云映日而成霞，泉挂岩而成瀑。所托者异，而名亦因之。此友道之所以可贵也。

【原评】

张竹坡曰：非日而云不映，非岩而泉不挂，此友道之所以当择也。

【译文】

云被日照变成彩霞，泉水因为悬挂在岩石上而被称为瀑布，所依托的东西不同，它们的名称也不一样。这就是交友之道的可贵之处。

【评析】

俗话说：近朱者赤，近墨者黑。这是对人交友而言的。人们在交友时，选择什么样的朋友很重要。就像文中所说："所托者异，而名亦因之。"所接近的朋友不同，可能就会把你影响成不同性格的人。在中国传统典籍中，论及交友的文字很多。如《颜氏家训》中说："与善人居，如入芝兰之室，久而自芳也；与恶人居，如入鲍鱼之肆，久而自臭也。"形象地说明了择友对人产生的重要影响。

人生在世能有要好的朋友和知己是很重要的，他们可以在最困难的时候帮助你、安慰你，这就是人生的一大财富。这段文字就提醒人们在交友时一定要慎重，否则会影响自己的一生。

大家之文

【原文】

大家之文，吾爱之慕之，吾愿学之；名家之文，吾爱之慕之，吾不敢学之。学大家而不得，所谓“刻鹄不成尚类鹜”也；学名家而不得，则是“画虎不成反类狗”矣。

【原评】

黄旧樵曰：我则异于是，最恶世之貌为大家者。

殷日戒曰：彼不曾闯其藩篱，乌能窥其阃奥！只说得隔壁话耳。

张竹坡曰：今人读得一两句名家，便自称大家矣。

【译文】

大家的文章，我喜欢它羡慕它，并且想要去学习它；名家的文章，我喜欢它羡慕它，但是却不敢去学习它。学习大家的文章，达不到他的水平，像画不成天鹅还可以画成鸭子；学名家的文章达不到他的水平，就像画虎不成却成了狗一样。

【评析】

大家和名家的作品都是我们学习的榜样，因为他们的文学修养极高。但是我们要来学习名家还是大家，这就要从他们对我们的影响，以及在文学作品上的表现来说了。至于阅读方面，大家、名家虽有层次的区别，但是他们的作品，却一样给人以享受。就大家来说，他们的创作已具有成熟的风格，有鲜明突出的堪称典范的特质，得到理论家总结或为世人共知，所以说他们的作品能为广大的读者接受。而名家却不同，他们虽然以个别文章出名，但创作风格也许尚在探索发展中，而其将来形成的风格是否能够为世人认可，尚有待于实践检验，并且是否得其神髓，也不能不令人怀疑，所以就不能否认“画虎不成反类狗”的局面出现。

由戒得定

【原文】

由戒得定，由定得慧，勉强渐近自然；炼精化气，炼气化神，清虚有何渣滓？

【原评】

袁中江曰：此二氏之学也。吾儒何独不然！

陆云士曰：《楞严经》《参同契》精义尽涵在内。

尤悔庵曰：极平常语，然道在是矣。

【译文】

由修行达到心神专注，有专注的状态而获得大状态，渐修渐进就能进入空灵超越的境地；练精而化为元气，练元气而化为元神，达到空虚寂静的境界则就不会再有任何私心杂念了。

南北东西

【原文】

南北东西，一定之位也；前后左右，无定之位也。

【原评】

张竹坡曰：闻天地昼夜旋转，则此东西南北，亦无定之位也。或者天地外贮此天地者，当有一定耳。

【译文】

南、北、东、西，是固定不变的位置；前、后、左、右，是随时变化的方位，不是固定不变的。

【评析】

作为个体它的参照物不同，于是产生的结果就不同。文中所说的东西南北和前后左右作为不同的方向，它们所选择的参照物不同于是就有了不同的结果。东南西北是以日出方向做参照而确定。许慎的《说文解字》中释“东”：“动也，从木。官溥说，从日在木中。”这样以太阳初升的地方为东方，西则为日落之处。因为太阳的升起与降落方位是不变的，因此东方固定之后，其他的方位也就因此而被确定了下来。

而前后左右之所以为不固定方位，在于它以人自我为中心。人的位置是可以根据自己的需要而随时变动的，以人为参照物必定会随着身体的变化，前后左右也跟着变化。所以说前后左右只能是相对的不固定的。

予尝谓二氏不可废

【原文】

予尝谓二氏不可废，非袭夫大养济院之陈言也。盖名山胜境，我辈每思褰裳就之，使非琳宫梵刹，则倦时无可驻足，饥时谁与授餐！

忽有疾风暴雨，五大夫果真足恃乎？又或丘壑深邃，非一日可了，岂能露宿以待明日乎？虎豹蛇虺，能保其不为人患乎？又或为士大夫所有，果能不问主人，任我之登陟凭吊，而莫之禁乎？

不特此也。甲之所有，乙思起而夺之，是启争端也。祖父之所创建，子孙贫，力不能修葺。其倾颓之状，反足令山川减色矣。

然此特就名山胜境言之耳。即城市之内，与夫四达之衢，亦不可少此一种。客游可作居停，一也；长途可以稍憩，二也；夏之茗，冬之姜汤，复可以济役夫负戴之困，三也。凡此皆就事理言之，非二氏福报之说也。

【原评】

释中洲曰：此论一出，量无悭檀越矣。

张竹坡曰：如此处置此辈甚妥。但不得令其于人家丧事诵经，吉事拜忏；装金为像，铸铜作身；房如宫殿，器御钟鼓，动说因果；虽饮酒食肉，娶妻生子，总无不可。

石天外曰：天地生气，大抵五十年一聚。生气一聚，必有刀兵、饥馑、瘟疫以收其生气。此古今一治一乱，必然之数也。自佛入中国，用剃度出家法，绝其后嗣，天地盖欲以佛节古今之生气也。所以，唐、宋、元、明以来，剃度者多，而刀兵劫数稍减于春秋、战国、秦、汉诸时也。然则佛氏且未必无功于天地，宁特人类已哉！

【译文】

我曾经说过佛道两教是不可以被废掉的，这并不是因为沿袭大养济院的说法。名山大川，游览胜景，是我们这些人都喜欢的，假使没有了道观、寺院，那么我们疲倦时在哪里歇息，饥饿时谁给我们吃的

予尝谓二氏不可废

呢？忽然遇见暴风骤雨，泰山顶上的五大夫松树真的可以保护得了你吗？再假如身处幽深的山谷，不是一天可以出得来时，难道可以露宿山中等待明天的到来吗？虎豹蛇虫难道就不会伤害人吗？又假如这些都为官宦所有，真的能不征求主人同意，而任我们任意游玩、追怀古人遗迹不加以禁止吗？

还不仅仅是这些。倘如这是为甲所有，而乙又想夺为己有，这就会引起两者之间的争端。祖辈们创建的，然而到子孙时由于家贫无力修缮而使得名胜古迹逊色了不少。

然而这还只是就名山胜景来说呢。即使在城市之内，四通八达的道路旁，也少不了这种道观、寺院。可以作为游客的旅舍，这是第一个用途；长途跋涉可以稍事休息，这是第二个用途；夏天有清茶，冬天有姜汤，还可以接济役夫的旅途劳顿，这是第三个用途。所有这些都是用事实来说话的，不是佛道两教的福报的说法。

虽不善书

【原文】

虽不善书，而笔砚不可不精；虽不业医，而验方不可不存；虽不工弈，而楸枰不可不备。

【原评】

江含徵曰：虽不善饮，而良酝不可不藏，此坡仙之所以为坡仙也。

顾天石曰：虽不好色，而美女妖童不可不蓄。

毕右万曰：虽不习武，而弓矢不可不张。

【译文】

虽然不擅长书法，毛笔、砚台也不能不精良；虽然不精通医术，有效的药方却不能不收藏；虽然不精通下棋，但是棋盘不可以不准备。

【评析】

古代文人喜欢附庸风雅，于是文房四宝就成为他们可以炫耀的物品。准备一些精良的文具，可以显示他们自己的修养，于是文人们准备被称为“文房四宝”的纸墨笔砚和“文人风雅四艺”的琴棋书画。

有了文房四宝，室中雅趣盎然。准备精良的笔砚和楸枰，一则表现自己的艺术品位与审美情趣，二则表示对朋友的尊重和厚爱。朋友往来，往往喜欢磨墨铺纸，请其挥毫泼墨，令人尽兴。而和友人对弈更是不亦乐乎。这些都是古人乐意做的事，而所谓的良方则更是必须的。因为人有旦夕福祸，疾病总是不期而至，这时有一良方就可以解救人于痛苦之中，真可谓雪中送炭。

作者这则文字其实是受当时文人风气影响相当严重，但是他也告诉我们：自己爱好的，应武装精良，自己不擅长的，也要精心装备，以待不时之需。

方外不必戒酒

【原文】

方外不必戒酒，但须戒俗；红裙不必通文，但须得趣。

【原评】

朱其恭曰：以不戒酒之方外，遇不通文之红裙，必有可观。

陈定九曰：我不善饮，而方外不饮酒者誓不与之语；红裙若不识趣，亦不乐与近。

释浮村曰：得居士此论，我辈可放心豪饮矣。

弟东囿曰：方外并戒了化缘，方妙。

【译文】

出家人不一定要戒酒，但是必须要戒除俗行俗念；女人不一定要精通文章，但是要懂得情趣。

梅边之石宜古

【原文】

梅边之石宜古，松下之石宜拙，竹傍之石宜瘦，盆内之石宜巧。

【原评】

周星远曰：论石至此，直可作九品中正。

释中洲曰：位置相当，足见胸次。

【译文】

梅树旁的石头应该是古雅的，松树下面的石头应该粗拙，翠竹旁的石头应该是很清瘦的，盆景内的石头应该很精巧。

【评析】

自然和谐，那么才能创造出美来。同样，园林造景作为一门艺术，也要求和谐。园林艺术其极致是体现出自然景观与人工创造的完美交融。这就要求造景者的审美见解、艺术才能极高，这样才能达到完美的境界。

就这则文字所举景观言，梅、松、竹、盆景各有独自的神韵、风骨，石头也各具风格，但是要把这些独具风格的事物搭配在一起，并且达到最佳状态，就要看造境者能否准确把握它们不同的内涵，并巧妙配置。

造境者根据他们各自不同的风致将它们巧妙地融合：梅，独具神韵，应以古雅之石相配；松，傲岸苍劲，与粗拙之石相配，更显朴实；竹，修长清瘦，和瘦削的石头相搭配，其清奇潇洒的风姿尽现眼前；盆景人工雕琢痕迹明显，石头要精巧，才会显示盆景的别致。

美在和谐。只有事物的外在形式与内在精神达到和谐、统一，才会表现出最佳的审美效果。

律己宜带秋气

【原文】

律己宜带秋气，处世宜带春气。

【原评】

孙松楸曰：君子所以有矜群而无争党也。

胡静夫曰：合夷、惠为一人，吾愿亲炙之。

尤悔庵曰：皮里春秋。

【译文】

要求自己应该要有秋天的严厉，对待别人要有春天般暖融融的精神。

处世宜带春气

【评析】

“严于律己,宽以待人”为君子处世为人之道。人生在世总会有欲望，于是在欲望的驱使之下，就对自己要求不严，放纵自我，贪图享受，得过且过，于是就养成一种惰性，经受不住痛苦、挫折的打击，也不会有所建树。这就要求我们在生活中，要严格要求自己，发奋努力，就像秋天的天气一样。事实证明只有严格要求自己的人才会成就大事业。

和谐的人际关系是人生活幸福、事业成功的前提与保障。而人与人交往时，宽以待人，胸襟豁达，个人修养良好，这样才能得到别人的尊重。

“律己宜带秋气，处世宜带春气”可作为人们为人处世的箴言。如果人人都能够严格要求自己，为人处事和善，那我们的世界将变成最美好的人间。

厌催租之败意

【原文】

厌催租之败意，亟宜早早完粮；喜老衲之谈禅，难免常常布施。

【原评】

释中洲曰：居士辈之实情，吾僧家之私冀，直被一笔写出矣。

瞎尊者曰：我不会谈禅，亦不敢妄求布施，惟闲写青山卖耳。

【译文】

讨厌收租催债破坏意兴，最好早早把租税交完；喜欢僧人谈经说禅，就免不了施舍一些财物。

松下听琴

【原文】

松下听琴，月下听箫，涧边听瀑布，山中听梵呗，觉耳中别有不同。

【原评】

张竹坡曰：其不同处，有难于向不知者道。

倪永清曰：识得不同二字，方许享此清听。

【译文】

松树下听琴声，月光下听箫声，山涧边听瀑布激流的声音，深山中听僧人诵经的声音，总觉得有不同的感受。

【评析】

音乐可以激发人的兴趣，不同的音乐可以给人带来不一样的感受。它能拨动人的心弦，把人的思想带入一种美妙的境界。悠扬的琴声、凄美的箫声、轰鸣的瀑布声、悠远的梵乐都给人一种难以言说的美的享受。

选择合适的空间来感受音乐，更添妙趣。选择适当的地方，耳中听乐，眼中观景，会心处所达到的境界都有一番新的感触。“松下听琴”，松树的高洁与琴的幽雅使人有一种远离尘嚣、走进了世外桃源的感触。“月下听箫”，朦胧的月色使箫声更显深沉、清悠，使这样的月夜也增加了一种幽美的感觉。梵乐作为一种特殊的音乐形式，在幽静的山里聆听，更让人体味到空灵、静寂。而在涧边听轰鸣的瀑布声，恰如欣赏大自然发出的协奏曲，更让人体味到博大深远。

月下听禅

【原文】

月下听禅，旨趣益远；月下说剑，肝胆益真；月下论诗，风致益幽；月下对美人，情意益笃。

【原评】

袁士旦曰：溽暑中赴华筵，冰雪中应考试，阴雨中对道学先生，与此况味何如？

【译文】

月光下听禅经要义，领悟会更加深邃；月光下谈论剑术，肝胆相照的心会更真诚；月光下谈论诗词，韵味会更加幽雅；月光下对美人，情意会更加真切。

【评析】

人在不同的环境中心境不同。在月光之下，月光清凉柔美，空明宁静，与禅宗的最高境界相契合，心灵空明澄澈、清静如水，于是在禅诗中，便多有以月光比心或以月光参禅者。

在皎洁的月光下谈剑术，则见其豪壮，并且剑的寒光与月的清辉相交融，更见其真诚。古往今来，人们赋予月亮许多美好的传说，以月亮为题材的诗篇数不胜数。在这朦胧的月光下论评古今诗作，会平添许多韵味，更能凸显诗词的意境之美。月下看美人，美人在朦胧的月色下会更加妩媚动人，美人的意态与月的神秘辉映而生，美人显得更有韵致，恰如面对画中之美人。

有地上之山水

【原文】

有地上之山水，有画上之山水，有梦中之山水，有胸中之山水。地上者，妙在丘壑深邃；画上者，妙在笔墨淋漓；梦中者，妙在景象变幻；胸中者，妙在位置自如。

【原评】

周星远曰：心斋《幽梦影》中文字，其妙亦在景象变幻。

殷日戒曰：若诗文中之山水，其幽深变幻更不可名状。

江含徵曰：但不可有面上之山水。

余香祖曰：余境况不佳，水穷山尽矣。

【译文】

有大地上的山水风景，有画中描绘的山水，有梦中向往的山水，有胸怀中孕育的山水。地上的山水，妙在丘陵沟壑，自然而出，幽深真切；画上的山水，妙在笔墨洒脱，酣畅淋漓；梦中的山水，妙在景象变幻无穷；胸中的山水，妙在自由组合，随心所欲。

一日之计种蕉

【原文】

一日之计种蕉，一岁之计种竹，十年之计种柳，百年之计种松。

【原评】

周星远曰：千秋之计，其著书乎？

张竹坡曰：百世之计种德。

【译文】

要从一天计划，那就选择种芭蕉树；要从一年计划，就选择种竹子；如果从十年考虑就种柳树；要是为一百年做打算就种松树。

【评析】

“一日之计在于晨，一年之计在于春”是说人们要为以后的事情做好充分的准备。在古代，人们对栽种植物的作用的认识，远不及现在全面。但古今如出一辙的是，为了以后的计划，或为自己，或为儿孙，便种下了这些树。

作者所说在不同的季节种下不同的树木，它们的目的是不同的。所谓“一日之计种蕉”，指芭蕉这种植物，只要栽种下，就具观赏价值；“一岁之计种竹”，指竹子一年可成材，四季常青，给人以勃勃生机；“十年之计种柳”，指柳树要经十年的风吹雨打才能成材，那时柳条摇曳，绿荫之下可供人纳凉休憩；“百年之计种松”，指松树要经历百年之后才能长成，并且苍劲葱茏，是世代人所钟爱的植物。

芭蕉、竹子、柳树这些植物能立竿见影，可以为己所用；而百年之松则是要历经很长的时间，纯为后世子孙计划。眼前和现实固然重要，但远景规划更不可少。

社会要进步，人类要发展，就需要制订好短暂计划与长远计划，要有发展的眼光，为子孙后代积福。

春雨宜读书

【原文】

春雨宜读书，夏雨宜弈棋，秋雨宜检藏，冬雨宜饮酒。

【原评】

周星远曰：四时惟秋雨最难听，然予谓无分今雨、旧雨，听之要皆宜于饮也。

【译文】

春季下雨时最适合阅读诗书，夏季下雨时最适宜下棋，秋季下雨时最适合翻检收藏物品，冬季下雨时最适宜饮酒。

【评析】

一年之中四季的天气不同给人们带来的感觉不同，春雨绵绵给人以清新舒适之感，此时，静坐家中，读经论史，则是十分惬意的事情。

夏季下雨，多是狂风暴雨，电闪雷鸣，使人难以宁静，下棋可以陶冶性情，平心静气，舒缓心情，是最好的活动。秋季雨水连绵不断，天气清冷，使人心生烦愁，此时，翻检收藏旧日物品，将身心带回到往日的岁月之中，既消磨时光，又可以冲淡愁苦的思绪。冬雨时节，天寒地冻，人们大多不愿意出门，加上天气寒冷，更觉无聊；此时，与朋友饮酒，则能助人雅兴，又能消寒暖身，是件令人十分愉快的事情。

春雨宜读书

诗文之体

【原文】

诗文之体，得秋气为佳；词曲之体，得春气为佳。

【原评】

江含徵曰：调有惨淡悲伤者，亦须相称。

殷日戒曰：陶诗、欧文，亦似以春气胜。

【译文】

诗歌散文这两种文体的创作，带有秋天的气息更能反映特色；词曲这两种文体的创作，带有春天的气息更能体现词曲的意境。

【评析】

这段文字看似简短，其实反映了作者以及古人对诗词歌赋的态度。

这两句话包含了如下两层含义：一、古时认为词曲不能登大雅之堂的人大有人在。“诗庄词媚”就是表达的这种意思。文人以诗言志，以庄重蕴藉为正宗，是雅文学；而词则可以写艳情，用语直白明快，是俗文学。所谓春气，即指词曲能自由书写，风格灵动；所谓秋气，则指诗文应该严肃、深沉，不可轻佻。二、朱彝尊《紫云词序》中说：“昌黎子曰：欢愉之言难工，愁苦之言易好。……斯亦善言诗矣。至于词或不然，大都欢愉之词，工者十九，而言愁苦者，十一焉耳。”也就是说，诗要写愁苦、哀伤，词要写欢愉、灵巧。因为春天的主调是欢快，而词曲本身就有写欢愉，故写“词曲之体，得春气为佳”；而秋的特征是悲，是苦，诗文宜写穷愁的意思，所以说“诗文之体，得秋气为佳”。

抄写之笔墨

【原文】

抄写之笔墨，不必过求其佳；若施之缣素，则不可不求其佳。诵读之书籍,不必过求其备；若以供稽考,则不可不求其备。游历之山水，不必过求其妙；若因之卜居，则不可不求其妙。

【原评】

冒辟疆曰：外遇之女色，不必过求其美；若以作姬妾，则不可不求其美。

倪永清曰：观其区处条理所在，经济可知。

王司直曰：求其所当求，而不求其所不必求。

【译文】

用来抄写书的笔墨，不一定要最优良的；如果要在白绢上作诗，那就不能不选择质地最佳的了。用来诵读的书籍，不必要求过于齐全；假如是用来考校求证的书籍，就不能不要求齐全的了。游山玩水，不必要求过于秀丽精妙；如果要是作为居住，则不能不要求环境幽美了。

【评析】

这段文字的原评中有这样一句话“求其所当求，而不求其所不必求”，十分恰当地概括了作者这段话的主旨。事物不能要求全部精益求精，要根据自己的需要来选择。

文中说“抄写之笔墨，不必过求其佳”。因为抄写重适用，仅备临时使用，而书法讲美观，则要传于后世。所以，用作抄写的笔墨不需太过讲究；而用作书法的笔墨必须讲究。

对书籍来说，供诵读的书籍只是为了个人的消遣，不必过于追求完备；而供稽考的书籍，要搞研究，必须旁征博引才能治学严谨，则要求其完备。

至于山水风景，各有千秋，游历可以跑遍天下山水，尽览天下景色；但对于择地而居，要朝夕相对，寄身其中，则一定要求其秀丽奇妙。

人非圣贤

【原文】

人非圣贤，安能无所不知？只知其一，惟恐不止其一，复求知其二者，上也；止知其一，因人言始知有其二者，次也；止知其一，人言有其二而莫之信者，又其次也；止知其一，恶人言有其二者，斯下之下矣。

【原评】

周星远曰：兼听则聪，心斋所以深于知也。

倪永清曰：圣贤大学问，不意于清语得之。

【译文】

人不是圣贤，怎么可能什么都知道呢？只知道其中一点，又害怕不仅仅是这一点，又去了解其他的内容的，这是最好的求知者；只知道其中一点，经别人说起而知道了另一点的人，是次一些的求知者；只知道其中一点，当别人说起另外的内容时不相信的人，是求知者中更差一些的人；只知道其中一点，而讨厌别人说另外的内容的，是最差的求知者。

史官所纪者

【原文】

史官所纪者，直世界也；职方所载者，横世界也。

【原评】

袁中江曰：众宰官所治者，斜世界也。

尤悔庵曰：普天下所行者，混沌世界也。

顾天石曰：吾尝思天上之天堂，何处筑基？地下之地狱，何处出气？世界固有不可思议者！

【译文】

史官所记载的事件，是一个纵深的世界；掌管舆图的官员所记载的事件，是一个横向的世界。

【评析】

史官修史，是从古到今的叙写，读修史记录，可以看到上下几百年或千年的历史风云，见出诸多王朝的兴衰更替；其中记录历代帝王后妃、名臣大儒，乃至历代的制度及经济、政治、军国大事，可见历史的发展脉络。所谓“直世界”是纵向的世界历史，指历史所展现的是不断发展的世界，对历史发展的一个垂直记载。

职方官的记载与史官修史不同，他们绘制疆域图籍，记载各地的风土人情，就一定时期的疆域现状、名胜古迹、特殊事件进行描绘，它所展现的，是某个王朝特定时期的地域风物，它只是历史中的一个个横断面。这就是作者所说的横向的世界。

史官所纪者

这则文字，以“直世界”“横世界”分别形容史书与疆域图籍，更指出了用途的不同，可谓形象逼真。

先天八卦

【原文】

先天八卦，竖看者也；后天八卦，横看者也。

【原评】

吴街南曰：横看竖看，皆看不著。

钱目天曰：何如袖手旁观！

【译文】

伏羲创制的先天八卦，是竖着看的；周文王创制的后天八卦，是横着看的。

藏书不难

【原文】

藏书不难，能看为难；看书不难，能读为难；读书不难，能用为难；能用不难，能记为难。

【原评】

洪去芜曰：心斋以“能记”次于“能用”之后，想亦苦记性不如耳。世固有能记而不能用者。

王端人曰：能记、能用，方是真藏书人。

张竹坡曰：能记固难，能行尤难。

【译文】

收藏书籍并不难，难的是去读；读书并不困难，难的是理解其中的深意；能理解书中的知识并不困难，难的是应用这些知识；能用这些知识也不困难，能记住是困难的。

【评析】

“书籍是人类进步的阶梯”，买书则可以阅读，阅读需要理解领悟，领悟了才可学以致用，这是读书的一个过程。

有人有钱就能买书，买回来后束之高阁，而不去阅读，相反倒不如借来的书看的多，所以“藏书不难，能看为难”颇有道理。有时我们出于好奇，可能拿到书就走马观花似的看一遍，根本不求甚解；是否真正领悟了书的要义精髓很难说。如果只看书而不懂得书中所说的内容，那么看这部书的意义究竟何在呢？由此可以看出“看书不难，能读为难”。读书是为了学以致用，用知识服务于社会人生。有人也许学富五车，但只是懂得照搬教条，不能灵活地将知识用于实际操作中，于是就算学到了知识同样是没有任何用处，可见“读书不难，能用为难”。书中的智慧可以说是包罗万象，只是用了就忘的人很多，所以最后作者发出感叹“能记为难”。

书要读，要有深解，要用，最重要的是能牢牢记住在适当的时候应用它，这样才能达到学以致用的目的。

求知己于朋友易

【原文】

求知己于朋友易，求知己于妻妾难，求知己于君臣则尤难之难。

【原评】

王名友曰：求知己于妾易，求知己于妻难，求知己于有妾之妻尤难。

张竹坡曰：求知己于兄弟亦难。

江含徵曰：求知己于鬼神则反易耳。

【译文】

在朋友中寻找知己容易，在妻妾之中找知己比较困难，在君臣中找知己难上加难。

【评析】

鲁迅说："人生得一知己足矣，斯世当以同怀视之。"知己是可遇不可求的。作者认为在朋友中找知己容易，在妻妾中找知己困难，在君臣中间寻找知己难上加难，他为什么要发出这样的感叹呢？

朋友指的是同师同志、志趣相投、情谊相投的人，在许多问题上容易达成共识，很容易成为知己。于是作者认为"求知己于朋友易"。妻妾不同于朋友。古时候"以父母之命、媒妁之言"而促成婚姻，男子在外出庭入堂，接触外界事物比较多，而女子待字闺中，何况男尊女卑观念根深蒂固，他们之间不可能有许多了解、沟通，所以要想在妻妾之中觅得知己可以说是很困难的。在封建社会，君主有着至高无上的权力，君让臣死，臣不得不死，君臣间无任何平等可言，于是君臣之间就有着一道不可逾越的鸿沟，臣子稍有不慎，就会招来横祸。所以作者说：“求知己于君臣则尤难之难。”

何谓善人

【原文】

何谓善人？无损于世者，则谓之善人；何谓恶人？有害于世者，则谓之恶人。

【原评】

江含徵曰：尚有有害于世而反邀善人之誉，此实为好利而显为名高者，则又恶人之尤。

【译文】

什么样的人可以称之为善人？对社会对世人没有损害的人，可以称之为善人；什么样的人是恶人？对社会对世人有损害的人，称之为恶人。

有工夫读书

【原文】

有工夫读书，谓之福；有力量济人，谓之福；有学问著述，谓之福；无是非到耳，谓之福；有多闻、直谅之友，谓之福。

何谓善人

【原评】

殷日戒曰：我本薄福人，宜行求福事，在随时儆醒而已。

杨圣藻曰：在我者可必，在人者不能必。

王丹麓曰：备此福者，惟我心斋。

李水樵曰：五福骈臻固佳，苟得其半者，亦不得谓之无福。

倪永清曰：直谅之友，富贵人久拒之矣，何心斋反求之也？

【译文】

有工夫读书学习，可以说是福气；有能力接济别人，可以说是福气；有学识著书立说，可以说是福气；没有听到是非之事，可以说是福气；有学识渊博、正直可信的朋友，可以说是福气。

【评析】

有空闲时间去读书，与智者进行心灵的对话，既可以增长见识，又可以陶冶情操，的确是一种享受，令人神往。

对于有善心的人来说，有能力去救济贫困，对他们来说是人生一件幸事，是一种莫大的福分。

著书立说，阐述自己的社会人生真知，抒发一己的情志，是人生的一大乐事，《左传》中说："太上有立德，其次有立功，其次有立言，虽久不废，此之谓不朽。"

人生活在是非场中，总会听到许多是非，躲也躲不开，只会徒增许多烦恼。所以作者说："无是非到耳，谓之福。"求得身心的清净多么难得。

人生在世，总要与人交往、沟通。如果拥有学识渊博的朋友，则可以增长见识，不断提高自己，并且在朋友的感染下，不断完善自己。可以说人生一大福气。

人莫乐于闲

【原文】

人莫乐于闲，非无所事事之谓也。闲则能读书，闲则能游名胜，闲则能交益友，闲则能饮酒，闲则能著书。天下之乐，孰大于是？

【原评】

陈鹤山曰：然则正是极忙处。

黄交三曰：闲字前，有止敬功夫，方能到此。

尤悔庵曰：昔人云“忙里偷闲”，闲而可偷，盗亦有道矣。

李若金曰：闲固难得。有此五者，方不负闲字。

【译文】

人没有不乐于清闲的，但是清闲并不就是无所事事。有空闲的时间读书，有空闲的时间可以游览名胜古迹，有空闲的时间结交好友，有空闲的时间可以饮酒，有空闲的时间可以著书立说。天下快乐的事，有什么可以比得过这些呢？

【评析】

人有许多生存的艰辛与无奈，使自己整日处于忙碌的状态，或为工作，或为生意，或为繁琐的家务，或为了生计的需要，出于作为父母子女兄弟姐妹应尽义务的需要，整日苦于应酬，心力交瘁，以至于没有属于自己的时间。如果有属于自己的时间可以支配，那就是人生的一大幸事。

有了空闲的时间，就能享受平时享受不到的人生乐趣。可以静心读书；游览名山大川，领略山水之美；广交天下朋友；饮酒赋诗，自得其乐；著书立说，使自己的文字得以流传后世，这些都是人生的趣事。有了闲暇时间，人们可以自由地安排。作者文字中所说的闲，绝不是无所事事，而是颐养性情，陶冶情操，为自己的心灵开启一扇窗，天下的快乐，莫过于此。

文章是案头之山水

【原文】

文章是案头之山水，山水是地上之文章。

【原评】

李圣许曰：文章必明秀，方可作案头山水；山水必曲折，乃可名地上文章。

【译文】

文章是安放在书案上的山水，山水是书写在大地上的文章。

平上去入

【原文】

平上去入，乃一定之至理。然入声之为字也少，不得谓凡字皆有四声也。世之调平仄者，于入声之无其字者，往往以不相合之音隶于其下。为所隶者，苟无平上去之三声，则是以寡妇配鳏夫，犹之可也。若所隶之字自有其平上去之三声，而欲强以从我，则是干有夫之妇矣，其可乎？

姑就诗韵言之，如东、冬韵，无入声者也，今人尽调之以东、董、冻、督。夫督之为音，当附于都、睹、妒之下；若属之于东、董、冻，又何以处夫都、睹、妒乎？若东、都二字俱以督字为入声，则是一妇而两夫矣。三江无入声者也，今人尽调之以江、讲、绛、觉，殊不知觉之为音，当附于交、绞、教之下者也。诸如此类，不胜其举。

然则如之何而后可？曰：鳏者听其鳏，寡者听其寡，夫妇全者安其全，各不相干而已矣。（东、冬、欢、桓、寒、山、真、文、元、渊、先、天、庚、青、侵、盐、咸诸部皆无入声者也。屋、沃内如秃、独、鹄、束等字，乃鱼、虞韵，内都、图等字之入声；卜、木、六、仆等字，乃五歌部之入声；玉、菊、狱、育等字，乃尤部之入声；三觉、十药，当属于萧、肴、豪；质、锡、职、缉，当属于支、微、齐。质内之橘、卒，物内之郁、屈，当属于虞、鱼；物内之勿、物等音，无平上去者也；讫、乞等，四支之入声也。陌部乃佳、灰之半、开、来等字之入声也。月部之月、厥、阙、谒等及屑、叶二部，古无平上去，而今则为中州韵内车、遮诸字之入声也。伐、发等字及曷部之括、适及八点全部，又十五合内诸字，又十七洽全部，皆六麻之入声也。曷内之撮、阔等字，合部之合、盒数字，皆无平上去者也。若以缉、合、叶、洽为闭口韵，则止当谓之无平上去之寡妇，而不当调之以侵、寝、缉、咸、喊、陷、洽也。）

【原评】

石天外曰：中州韵无入声，是有夫无妇，天下皆成旷夫世界矣。

【译文】

平上去入四声，是音调中不可改变的。然而入声字很少，不能说所有字都有四声。世人所说的平仄，在某个字没有入声的时候，往往用于这个字不相干的字归类于它的下面。这个被用来的字，若是没有平上去三声，那就像将寡妇嫁给鳏夫一样，那还说得过去；如果这个字本身就有平上去三声，却要强行将其加入到去声，就是强暴有夫之妇，这样可以吗？暂且就以诗韵来说吧，如东、冬是没有入声的，现在却有人安排成东、董、冻、督。“督”以音分，应该归类到都、睹、妒的下面，如果把它归类到东、董、冻的下面，那又怎么解释都、睹、妒这些字呢？如果东和都这两个字都是以“督”作为入声，那就好像一个女人嫁给了两个丈夫。三江韵部无入声字，现在有人把它安排为江、讲、绛、觉，根本就不知道“觉”字应该归类于交、绞的下面。像这种情况举不胜举。既然如此怎样处理才最妥当呢？我认为：鳏夫就让他做鳏夫，寡妇就让她当寡妇，夫妇尚且完好的，就让他们保持原样，互不相干就可以了。（后边内容略去）

【评析】

这则文字可以说是一篇音韵学专论，所谈的中心内容是入声的问题。文字在平仄运用中，用入声时该字却没有入声字时，这一问题该如何处理？作者认为，如果用同为入声的字替代，勉强可以；如果不是入声，绝不可以替代。而最好的办法是不要生搬硬套，要合乎规律。

文中还列举了详细的例子作为说明。如举“督”字“觉”字为例，较明确地指明了要顺其自然。文中还结合诗韵，就时人生拉硬拽的做法做了具体说明，并进行了批判和讽刺。

这则说理文字，在议论说理中，既重视事实，又巧用比喻，生动形象，诙谐幽默，具有极佳的艺术效果。

《水浒传》是一部怒书

【原文】

《水浒传》是一部怒书，《西游记》是一部悟书，《金瓶梅》是一部哀书。

【原评】

江含徵曰：不会看《金瓶梅》，而只学其淫，是爱东坡者，但喜吃东坡肉耳。

殷日戒曰：《幽梦影》是一部快书。

朱其恭曰：余谓《幽梦影》是一部趣书。

【译文】

《水浒传》是一部发泄愤怒的书，《西游记》是一部性灵悟道的书，《金瓶梅》是一部感叹世事的书。

【评析】

这则文字概括了明清时期的三部著作，它们分别代表着一种类型，反映了时代的一个方面。有人说《水浒传》是一部“诲盗书”，它其实是一部泄愤的巨著。有历史记载以李贽《忠义水浒传序》为最早，《序》中说：“《水浒传》者，发愤之所作也。”

而举世瞩目的《西游记》以神仙、妖魔、鬼怪为题材，其实是一本参禅悟道的书。先看历史记载，以谢肇淛《五杂俎》中所说的“以猿为心之神，以猪为意之驰，其始之放纵，上天下地，莫能禁制，而归于金箍一咒，能使心猿驯伏，至死靡他，盖亦求放心之喻”为较早。其后仍有不少学者来阐发《西游记》作为参禅悟道的书的观点。

《水浒传》是一部怒书

《金瓶梅》则是反映了世事的弊端、官场的黑暗、人与人之间的残忍、淫逸成性等一些腐朽的现实和思想。所以说“《金瓶梅》是一部哀书”。

读书最乐

【原文】

读书最乐，若读史书，则喜少怒多；究之，怒处亦乐处也。

【原评】

张竹坡曰：读到喜、怒俱忘，是大乐境。

陆云士曰：余尝有句云：“读《三国志》，无人不为刘；读《南宋书》，无人不冤岳。”第人不知怒处亦乐处耳。怒而能乐，惟善读史者知之。

【译文】

读书是最快乐的事情，如果要是读史书，则是高兴的时候少，愤怒的时候多；仔细体会，愤怒的地方也就是值得高兴的地方。

【评析】

读史书就会看见历史的发展，不仅仅看见一些美好的方面，同时也会有许多故事让我们看了之后会拍案而起，义愤填膺。因为史书记载了历朝兴废衰亡的历史，记忠奸之争，真实地记录着每一个故事。其中有忠臣遭谗离忧，受屈被害，奸佞小人却逍遥法外；还有山河残破，昏君荒淫不思改革，以致国是日非，政局不稳，生灵涂炭，所有这些，都会带给我们震撼，所以作者说“读史书喜少怒多”。

然而当你读到贤良被害，看到天下混乱，看到黎民处于水深火热之中时，你的心灵就会受到震撼，使你为之愤怒，同时可以唤起你的爱国热忱。读史书虽说怒多喜少，但是可以让你更加珍惜现在的生活，培养刚直正义的品德，这也是一件乐事。

发前人未发之论

【原文】

发前人未发之论，方是奇书；言妻子难言之情，乃为密友。

【原评】

孙恺似曰：前二语，是心斋著书本领。

毕右万曰：奇书我却有数种，如人不肯看何？

陆云士曰：《幽梦影》一书所发者，皆未发之论；所言者，皆难言之情。“欲语羞雷同”，可以题赠。

【译文】

写出前人没有发出过的议论，才称得上是奇书；表达出妻子儿女说不出的感情，才能称得上是密友。

【评析】

一本可以流传后世的书，一定要有不同于前人的地方，要有创新，要新颖，要有深刻独到的见解，有所建树，这样才能经得起考验。这则文字评判“奇书”的标准就是“前人未发之论”，很有进步性。

朋友和妻子、儿女不同，对妻子、儿女一定有着十分深厚的感情，但是作为朋友则有更为宽广的沟通面，对他们则有着和家人不一样的感情，那是建立在有共同的爱好和兴趣之上的，有着更深层面的交往和沟通。所以说，“言妻子难言之情”，可称得上密友，人生有密友相伴，也可称为无憾的人生了。

一介之士

【原文】

一介之士，必有密友。密友不必定是刎颈之交。大率虽千百里之遥，皆可相信，而不为浮言所动；闻有谤之者，即多方为之辩析而后已；事之宜行宜止者，代为筹画决断；或事当利害关头，有所需而后济者，即不必与闻，亦不虑其负我与否，竟为力承其事。此皆所谓密友也。

【原评】

殷日戒曰：后段更见恳切周详，可以想见其为人矣。

石天外曰：如此密友，人生能得几个？仆愿心斋先生当之。

【译文】

一个耿直的人，一定有自己的密友。密友不一定就必须是同生死、共患难的刎颈之交。密友大多表现为虽然相隔千里之外，依然彼此相信而不会被一些谣言所动摇；听到有人诽谤朋友，就从多方面辩解、分析，直到彻底弄清为止；对于哪些事该做，哪些事不该做，可以替朋友做决断；遇到朋友有某些事情正在利害关头，需要得到帮助的时候，即使朋友不知道，也不在乎朋友会不会辜负自己，会替他承担这件事。做这些事的朋友可以说都是我们的密友。

风流自赏

【原文】

风流自赏，只容花鸟趋陪；真率谁知？合受烟霞供养。

【原评】

江含徵曰：东坡有云："当此之时，若有所思而无所思。"

【译文】

孤芳自赏的风流，只能容得下花鸟的陪伴；率直又有谁知道呢？应该受到烟霞的供养。

【评析】

历来"风流"这个词都被人们所称羡，所推崇，如风流才子、风流倜傥、风流儒雅等这些与风流息息相关的词语，所代表的洒脱、不受事物所左右的一种生活态度，这种种辞藻所显示的意象，都令人心生羡慕,但文中"风流自赏"却不是这样的。"风流自赏"者孤芳自赏、自命不凡，与俗世不相容，顾影自怜，有一种高高在上的感觉。这些人,在社会上得不到认可,因为他们傲视一切,所以只好与花鸟相伴了。在他们看来，花鸟是自然脱俗之物，无世俗污浊之心，正可与他们的性情合拍。

真率是一种值得赞赏的高贵品格，即真诚率直，不矫情、不做作。然世上的人有几个可以说是真正的真率呢？整天为了各自的利益，钩心斗角、尔虞我诈，于是率真与污浊的社会是不相容的，在社会中难以生存，也只有逃脱现实而选择隐遁的生活。

万事可忘

【原文】

万事可忘，难忘者名心一段；千般易淡，未淡者美酒三杯。

【原评】

张竹坡曰：是闻鸡起舞，酒后耳热气象。

王丹麓曰：予性不耐饮，美酒亦易淡。所最难忘者，名耳。

陆云士曰：惟恐不好名。丹麓此言，具见真处。

【译文】

万事都可以忘记，难忘的是对名利的追求；各色各样的东西都可以淡忘，不能淡忘的是几杯美酒。

【评析】

功名利禄是许多人追逐一生的梦想，有些人认为有了名利就有了一切，他们把名和利视为最高，殊不知名利不仅带给人们一些优裕，还会带给人们烦恼。这在古代的文学作品中多有表现，比如《儒林外史》中的范进为了中举而辛勤努力，可当得知自己获取功名时，竟然疯癫了，这是多么可悲的事情。

人们在世上生活总是会经历许多的坎坷和磨难，这时就想要寻得一种解脱的办法，什么才能使自己解除疲劳、忘记烦恼呢？古人说“何以解忧，唯有杜康”，于是作者发出了“千般易淡，未淡者美酒三杯”的感慨，看似轻松的文字实则透露出对于世事的无奈。

芰荷可食

【原文】

芰荷可食，而亦可衣；金石可器，而亦可服。

【原评】

张竹坡曰：然后知濂溪不过为衣食计耳。

王司直曰：今之为衣食计者，果似濂溪否？

【译文】

芰荷可以吃，又可以穿；金银玉石可以造器物，又可以佩戴。

宜于耳

【原文】

宜于耳，复宜于目者，弹琴也，吹箫也；宜于耳，不宜于目者，吹笙也，擪管也。

【原评】

李圣许曰：宜于目不宜于耳者，狮子吼之美妇人也；不宜于目并不宜于耳者，面目可憎、语言无味之纨袴子也。

庞天池曰：宜于耳复宜于目者，巧言令色也。

【译文】

适合倾听又适合欣赏的，是弹琴、吹箫；适合倾听，不适合欣赏的，是吹笙、擪管。

【评析】

听音乐是一种享受，音乐不只是满足在听觉上，在视觉上人们也有着较高的要求。作者就是从音乐听觉和视觉上的不同进行分类。让人耳、目皆能欢悦的，有弹琴与吹箫。因为琴、箫之声悠扬动听，弹琴、吹箫的动作也优雅、大方、自然，让人看了有一种高雅之感。而吹笙、按管只适合作为倾听的音乐，吹笙、按管声音美妙，同样给人以美的享受，但是在演奏中演奏的乐师一呼一吸，两腮或胀或瘪，这让观众看起来不雅观。

不过由此我们可悟出一个道理，世上的事，不可能是完美无缺的，十全十美的事物是极少的。作为音乐欣赏，只要音色优美，满足了人们的审美需求，这样就已经足够了。

看晓妆

【原文】

看晓妆，宜于傅粉之后。

【原评】

余淡心曰：看晚妆，不知心斋以为宜于何时？

周冰持曰：不可说！不可说！

黄交三曰："水晶帘下看梳头"，不知尔时曾傅粉否？

庞天池曰：看残妆，宜于微醉后，然眼花撩乱矣。

【译文】

看女子早晨梳妆，适宜在她涂上粉之后。

看晓妆，宜于傅粉之后

【评析】

本段文字专谈看女子晓妆，是晚明以来勃兴的崇尚声色的社会思潮。在当时，世人爱游览山水，爱吟诗作赋，爱声色犬马，所以梳妆佳人自然是经常出现在文学中。作者写下这段文字同时也证明了在那一时期观赏佳人梳妆打扮是很正常的一件事情。

我不知我之生前

【原文】

我不知我之生前，当春秋之季，曾一识西施否？当典午之时，曾一看卫玠否？当义熙之世，曾一醉渊明否？当天宝之代，曾一睹太真否？当元丰之朝，曾一晤东坡否？

千古之上，相思者不止此数人。而此数人则其尤甚者，故姑举之以概其余也。

【原评】

杨圣藻曰：君前生曾与诸君周旋，亦未可知，但今生忘之耳。

纪伯紫曰：君之前生，或竟是渊明、东坡诸人，亦未可知。

王名友曰：不特此也！心斋自云："愿来生为绝代佳人！"又安知西施、太真不即为其前生耶！

郑破水曰：赞叹爱慕，千古一情。美人不必为妻妾，名士不必为朋友，又何必问之前生也耶！心斋真情痴也。

陆云士曰：余尝有诗曰："自昔闻佛言，人有轮回事。前生为古人，不知何姓氏！或览青史中，若与他人遇！"竟与心斋同情，然大逊其奇快！

【译文】

我不知道在我今生之前，在春秋时期，是否曾经见到过西施呢？在西晋的时候曾经见到过卫玠呢？在东晋义熙年间，和陶渊明一起喝过酒吗？在唐朝天宝年间是否亲眼目睹过杨贵妃呢？在北宋元丰年间，是否曾经见到过苏东坡呢？

数千年之间我思念的人不只是这几个。这几个只是最想念的，所以姑且以这几个举例来代表其他的了。

我又不知在隆万时

【原文】

我又不知在隆、万时，曾于旧院中交几名妓？眉公、伯虎、若士、赤水诸君，曾共我谈笑几回？茫茫宇宙，我今当向谁问之耶！

【原评】

江含徵曰：死者有知，则良晤匪遥。如各化为异物，吾未如之何也已！

顾天石曰：具此襟情，百年后当有恨不与心斋周旋者，则吾幸矣！

【译文】

我又不知道在隆庆、万历年间自己在青楼结交过多少个名妓？陈继儒、唐伯虎、汤显祖、屠隆这样的名人雅士，曾经和我谈笑风生过多少次？茫茫宇宙中，我今天可以向谁去问这些事情呢？

【评析】

这则文字与前一则同看，表达了同样的思想，观想红颜与才子。

而所谓的与唐寅、屠隆、汤显祖、陈继儒谈笑，则显示了他向往风流名士的才情，并且对他们敬佩不已。唐伯虎风流倜傥，仪表不凡，并且才气奔放；屠隆放浪诗，自称为仙史；汤显祖怡然自得，戏剧歌咏信手拈来；陈继儒盛名卓著，家喻户晓。他们在明代均有极高的名气，以文章才情而被人们所尊崇。能与他们结交自然是文人们的心愿。

最后需要指出的是，作者将死于嘉靖二年（1524）的唐伯虎放到了几十年后的隆庆、万历年间，这是疏于考订的结果，以致出现了常识性错误。这是读者们要注意的地方。

文章是有字句之锦绣

【原文】

文章是有字句之锦绣，锦绣是无字句之文章，两者同出于一原。姑即粗迹论之，如金陵，如武林，如姑苏，书林之所在，即机杼之所在也。

【译文】

文章是有字句的锦绣，锦绣是没有字句的文章，这两种事物同出于一个源头。姑且就大致情形来论，像金陵、武林、姑苏，刻书藏画的地方，同时也是出产锦绣的地方。

【评析】

文章是人用华美的文字连缀而成的绚丽多彩的作品，一部部作品是人们精心构造的结晶。这一点与丝织品有着相同之处。锦绣也是人们经过精心设计由丝而织就的，二者在手法上颇有相通之处。我们说一个满腹经纶、学富五车的才人写出来的文章时多用锦绣篇章来形容，可见锦绣与文章的相同之处。

南京、杭州、苏州，在明清时代，不仅以织锦著称，且为图书刻印出版中心，所以作者举出这些地方。

予尝集诸法帖字为诗

【原文】

予尝集诸法帖字为诗，字之不复而多者，莫善于《千字文》。然诗家目前常用之字，犹苦其未备。如天文之烟霞风雪，地理之江山塘岸，时令之春宵晓暮，人物之翁僧渔樵，花木之花柳苔萍，鸟兽之蜂蝶莺燕，宫室之台槛轩窗，器用之舟船壶杖，人事之梦忆愁恨，衣服之裙袖锦绮，饮食之茶浆饮酌，身体之须眉韵态，声色之红绿香艳，文史之骚赋题吟，数目之一三双半，皆无其字。《千字文》且然，况其他乎？

【原评】

黄仙裳曰：山来此种诗，竟似为我而设。

顾天石曰：使其皆备，则《千字文》不为奇矣！吾尝于千字之外另集千字，而已不可复得，更奇。

【译文】

我曾经搜集各种法帖上的字准备作诗用，字不重复并且又多的，没有超过《千字文》的了。即使是这样，诗人目前作诗常用的字词中，还苦于不能齐备呢。例如天文方面的烟霞风雪，地理方面的江山塘岸，时令节气方面的春宵晓暮，形容人物方面的翁僧渔樵，花草树木方面的花柳苔萍，飞鸟走兽方面的蜂蝶莺燕，宫阁室院方面的台槛轩窗，器皿用具方面的舟船壶杖，人事方面的梦忆愁恨，衣衫服饰方面的裙袖锦绮，饮食文化方面的茶浆饮酌，身体描写方面的须眉韵态，声音色泽方面的红绿香艳，文体史记方面的骚赋题吟，数量用词方面的一三双半，都没有这些字。《千字文》尚且没有，更何况其他？

【评析】

古人有云："在心为志，发言为诗。"这是诗所以产生的原因。诗是抒发感情的一种书面形式，人们用诗的形式将感情诉诸笔端，从而形成了一种新的文体。诗是自由抒发感情的产物，所以它的形式是比较自由的。但随着诗歌的发展，诗人对诗的形式愈趋讲究，它被局限于某种形式，这样就局限了诗歌的自由性，同样也就少了许多不会被人们所发掘的新的内容。这则文字所谈将诗歌用字限制在法帖所用字的范围内，类同于限韵，这是作诗的一种方式。

真正的创作应当是"我手写我口"，是主体感情的自然涌动而不是被限定在一个模式之内，它所反映的内容应该是十分广泛的。所以说，把写诗用字局限于法帖内，只能是一种文体走向衰亡的体现。

花不可见其落

【原文】

花不可见其落，月不可见其沉，美人不可见其夭。

【原评】

朱其恭曰：君言谬矣！洵如所云，则美人必见其发白齿豁而后

花不可见其落

快耶？

【译文】

鲜花不能看见它凋落，明月不可看见它沉落，佳人不可看见她红颜早逝。

种花须见其开

【原文】

种花须见其开，待月须见其满，著书须见其成，美人须见其畅适，方有实际，否则皆为虚设。

【原评】

王璞庵曰：此条与上条互相发明。盖曰："花不可见其落耳，必须见其开也。"

【译文】

种花要看到花盛开，赏月要见到它月圆时，著书立说要看到整本书完成，欣赏美人要看到她心情舒畅，这样才有实际意义，否则的话一切形同虚设。

【评析】

人们种花是为了赏花，花开才能带给人们美好的视觉冲击；待月是为赏月，明月皎洁，给人一种清心的感觉；著书是为了抒发自己的感情，寄托自己的思想，成就不朽的伟业；美人在心情舒畅的时候，更加令人怜爱。假如，养花不待鲜花盛开，就无法看到一片灿烂的景象；待月不到月圆，不能见到明月清辉；著书半途而废，不能见到成果；美人忧痛伤悲，不能尽献妩媚。

人欣赏美，要见到极致方可尽兴。花开、月圆、书成、心畅都是事物发展的极致。如果种花、待月、著书及美人都看不到极致，也就失去了实际意义，一切就如同虚设。

这则文字也启示我们，无论做什么事，都应有决心，有毅力，持之以恒朝着目标走下去。只有这样，才会达到极致，走向更辉煌的终点。

惠施多方

【原文】

惠施多方，其书五车；虞卿以穷愁著书。今皆不传，不知书中果作何语？我不见古人，安得不恨！

【原评】

王仔园曰：想亦与《幽梦影》相类耳！

顾天石曰：古人所读之书，所著之书，若不被秦人所烧尽，则奇奇怪怪，可供今人刻画者，知复何限！然如《幽梦影》等书出，不必思古人矣。

倪永清曰：有著书之名，而不见书，省人多少指摘！

庞天池曰：我独恨古人不见心斋！

【译文】

惠施学识广博，他的书可以装载数车；虞卿在穷困潦倒的时候还著书立说，但是都没有传到今天。不知道书中都说了些什么？我不能见到这些古人，怎么能不心生遗憾呢！

以松花为粮

【原文】

以松花为粮，以松实为香，以松枝为麈尾，以松阴为步障，以松涛为鼓吹。山居得乔松百余章，真乃受用不尽。

【原评】

施愚山曰：君独不记曾有“松多大蚁”之恨耶！

江含徵曰：松多大蚁，不妨便为蚁王。

石天外曰：坐乔松下，如在水晶宫中见万顷波涛总在头上，真仙境也。

【译文】

用松树的花来做粮，用松树的果实来做香料，用松树的枝条做拂尘，把松树的绿荫当作屏障，把风吹松林的涛声当作音乐演奏，隐居山中拥有百余棵松树，将是受益无穷的事。

【评析】

作者写松树上的所有都有其用途。松树向来以高洁著称，所以文人写松树往往是表现自己的志向高远，并且强调要是隐居山中与松树为伴也是一件很快乐的事情。

“山居得乔松百余章，真乃受用不尽。”作者强调有百余棵松树定会受益无穷，不知山中高士当真有否这种感觉。作者萌生此等思想，也显示作者对尘世的喧嚣和繁杂已经厌倦了，表现出对回归自然的渴望。而写自然之松，还有更深一层的含义。松傲霜雪、耐严寒、志趣高洁，向来为节烈志士所称赞，所以还可以看出作者对污浊社会的针砭。

玩月之法

【原文】

玩月之法，皎洁则宜仰观，朦胧则宜俯视。

【原评】

孔东塘曰：深得玩月三昧。

【译文】

赏月的方法，皎洁的月光适合仰望观看，朦胧的月色适合俯首观看。

【评析】

明月当空朗照，给人以无限遐想，人们总是喜欢在月光下抒发自己的情感，于是明月被文人写到了自己的作品里，或渲染气氛，或寄托情思。

当我们仰首赏月时，那空明的月色，会滤尽人们心中的尘事俗念，还人们一种清静，使思想得到净化和升华。

月光朦胧，便为另一种景观，低头赏月，有一种雾中看花的朦胧美，如云遮雾罩，似真似幻，虚虚实实，多了一份神秘。

玩月之法

孩提之童

【原文】

孩提之童，一无所知，目不能辨美恶，耳不能判清浊，鼻不能别香臭。至若味之甘苦，则不第知之，且能取之弃之。告子以甘食、悦色为性，殆指此类耳。

【译文

尚在襁褓中的婴儿，什么都不知道，眼睛看到的不能辨别美丑，耳朵听到的不能判断清浊，鼻子闻到的不能识别香臭。至于味道是苦是甜，则是不但知道，而且还知道喜欢什么放弃什么。告子把爱吃甜食喜欢美色看作是人的本性，大概说的就是这个。

【评析】

告子所说的“食色性也”，从本段文字中就可以看出来，这种本能乃是人天生具备的能力。

尚在襁褓中的婴儿，眼睛看不出美丑，耳朵不辨清音浊音，鼻子嗅不出香臭，但是却能够辨别甘苦，并且知道弃苦取甘，这就说明人们生来就具备吃的能力。

生存的基础就是具有吃的能力，否则人们无法摄取自身需要的能量，这样就不能存活。只有存活下来，才可以谈发展，这也就是人们在生存的诸多要素中将吃饭列于首位的道理。

从这里也可以给我们以启示：社会的发展，应当以提高人们的生活水平作为首要的任务，所谓首重生存权，是毫无疑问的。

凡事不宜刻

【原文】

凡事不宜刻，若读书则不可不刻；凡事不宜贪，若买书则不可不贪；凡事不宜痴，若行善，则不可不痴。

【原评】

余淡心曰："读书不可不刻"，请去一"读"字，移以赠我，何如？

张竹坡曰：我为刻书累，请并去一"不"字。

杨圣藻曰：行善不痴，是邀名矣。

【译文】

凡事不能太苛刻，如果是读书则不能不苛刻；凡事不能太贪心，假如是买书就不能不贪心了；凡事不能太痴迷，如果是做善事，就不能不痴迷一点。

【评析】

凡事不可太过执着，要求太苛刻则不容易实现最终目标；做事情不能贪心，贪心容易使自己陷入一种无法自拔的地步；做事情也不要太痴迷，痴迷就不明事理，不通人情世故，便枉为人生。

但是作者在这段文字中所写的却是另一种说法。若读书不要求苛刻一些，便无法彻底领悟，不执着，就难能积少成多，这是显而易见的道理，所以作者说"凡事不宜刻，若读书则不可不刻"。若买书，则需要贪多。只有贪多，才不计较贵贱，才不做功利的得失之想，才能聚集天下好书为自己所有，阅读完这些书，就可以极大地丰富自己，提高自己的知识层面和能力。行善做好事，却必须有点痴心。有了这痴心，为善不求人报，以行善为乐事，修得万世功德。

酒可好

【原文】

酒可好，不可骂座；色可好，不可伤生；财可好，不可昧心；气可好，不可越理。

【原评】

袁中江曰：如灌夫使酒，文园病肺，昨夜南塘一出，马上挟章台柳归，亦自无妨，觉愈见英雄本色也。

【译文】

美酒可以喜好，不可酒后耍酒疯骂人；美色可以喜好，不可以伤害身体；钱财可以喜爱，不可昧心获得；脾气可以有，不可以超出情理之外。

【评析】

这则文字向我们说明什么都要适可而止，不可过头。

酒能助兴，能添文思，能沟通人与人之间的感情，加深人与人之间的交往，有这诸多好处，自不可缺少；“食色性也”，好色也是人的本性，这是不可抹杀的事实；钱财是人们生存的基本条件，如果没有钱财也许就会“食不果腹，衣不蔽体”，所以人们对于钱财的追求也是无可厚非的；义气、骨气更是个人魅力的展现，也是不可缺少的。

然而，好酒而不可成为嗜好，纵酒会伤身，耍酒疯骂座，则会影响人与人之间的感情；好色而到纵欲，一定会伤身，还可能伤害别人，天理不容；好财要取之有道，讲社会公德；讲义气而丢弃原则，置公理或法律于不顾，既有害于社会，又不利于个人的自立，这样的“气”必然是不可取的。

文名可以当科第

【原文】

文名可以当科第，俭德可以当货财，清闲可以当寿考。

【原评】

聂晋人曰：若名人而登甲第，富翁而不骄奢，寿翁而又清闲，便是蓬壶三岛中人也。

范汝受曰：此亦是贫贱文人无所事事，自为慰藉云耳，恐亦无实在受用处也。

曾青藜曰：“无事此静坐，一日似两日。若活七十年，便是百四十。”此是“清闲当寿考”注脚。

石天外曰：得老子“退一步”法。

顾天石曰：予生平喜游，每逢佳山水，辄留连不去，亦自谓“可当园亭之乐”。质之心斋，以为然否？

【译文】

文才和名望可以当作科举等第，勤俭节约可以当作财富，清静闲适可以看作年高长寿。

【评析】

文人才子们为登科举中进士，于是寒窗苦读，作诗赋文，为的是“一举成名天下知”。文章盛有文名，流传百世，广播天下，与登进士第没有什么区别。勤俭节约为致富之本，挥霍则是浪费资财，从这一方面讲，勤俭是人生一笔宝贵的财富。清静闲适，有颗平常心，既享受了人生的乐趣，也能保持身体的健康，故说清闲可当寿考，也是有道理的。

不独诵其诗

【原文】

不独诵其诗、读其书，是尚友古人，即观其字画，亦是尚友古人处。

【原评】

张竹坡曰：能友字画中之古人，则九原皆为之感泣矣！

【译文】

不只是吟诵古人的诗、阅读古人的作品是与古人结交，即使观赏古人的书法字画，也是在与古人相交。

【评析】

这则文字是说明我们要如何了解古人。古人为我们留下了许多宝贵的财富，但是我们和古人毕竟相隔甚远，要了解他们的思想和动向，确实有一些困难。

读书如交友，书中的所写总是会有自己的影子，读一本书就像了解一个人，让我们可以从中获取很多信息。书只要能读懂，就和与人交谈无异。读今人书，即是与今人交友；读古人书，即是与古人交友。读好书如听益友言，使人增长知识，扩大视野。

读书如此，观字画，听音乐，也是这样的，其中也同样包含了创作者的智慧和思想，在理解作品的基础上，能产生共鸣，也等于自己交了益友良师，定会获益良多。

无益之施舍

【原文】

无益之施舍，莫过于斋僧；无益之诗文，莫甚于祝寿。

【原评】

张竹坡曰：无益之心思，莫过于忧贫；无益之学问，莫过于务名。

殷简堂曰：若诗文有笔资，亦未尝不可。

庞天池曰：有益之施舍，莫过于多送我《幽梦影》几册。

【译文】

无益的施舍，不会比施舍给僧人更无益的；无益的诗文，没有比祝寿时的文字更无益的。

妾美不如妻贤

【原文】

妾美不如妻贤，钱多不如境顺。

无益之施舍

【原评】

张竹坡曰：此所谓“竿头欲进步”者。然妻不贤，安用妾美？钱不多，那得境顺？

张迂庵曰：此盖谓二者不可得兼，舍一而取一者也。又曰：世固有钱多而境不顺者。

【译文】

貌美的小妾不如有个贤惠的妻子，钱多了不如事事都顺利。

【评析】

历来视女人为红颜祸水，这显然是无稽之谈，同时也是一种谬论。但妻贤夫祸少，这句古训，在今天仍被人们验证着。有一个贤惠的妻子，能为你营造一个幸福的家庭港湾，能给你提供一个舒适安逸温馨宁静的生活环境，在你失意的时候这里是你休憩的地方，使你重新振作起来，来面对以后的挫折和困难。如果妻子不贤惠，整日吵吵闹闹，终会为家庭所累。这样有没有美妾还有什么关系呢？

拥有钱财当然是每个人的梦想，然而，如果疾病缠身，或妻离子散，或众叛亲离，或被奸人所害，忍受着精神或肉体的折磨；即使家财万贯，也失去意义。所以作者说：“钱多不如境顺。”

创新庵不若修古庙

【原文】

创新庵不若修古庙，读生书不若温旧业。

【原评】

张竹坡曰：是真会读书者，是真读过万卷书者，是真一书曾读过数遍者。

顾天石曰：惟《左传》《楚词》、马、班、杜、韩之诗文，及《水浒》《西厢》《还魂》等书，虽读百遍不厌。此外皆不耐温者矣，奈何！

王安节曰：今世建生祠，又不若创茅庵。

【译文】

建造新的寺庵不如修整旧的庙宇，读新书不如温习已经读过的旧书。

字与画同出一原

【原文】

字与画同出一原，观六书始于象形，则可知已。

【原评】

江含徵曰：有不可画之字，不得不用六法也。

张竹坡曰：千古人未经道破，却一口拈出。

【译文】

文字和绘画同出于一个源头，看六书始于象形，就会明白了。

【评析】

字画同源，这在古人的著述中已多有论述，在《易经·系辞》中就有所论述，书上说："古者庖牺氏之王天下也，仰则观象于天，俯则观法于地，观鸟兽之文，与地之宜，近取诸身，远取诸物，于是始作八卦。”就是说伏羲上观天象，下晓地理，观察动物的踪迹和习惯、山川的面貌，而后画出八卦。绘画是文字的先驱，为文字的产生起着重要的启迪作用。

忙人园亭

【原文】

忙人园亭，宜与住宅相连；闲人园亭，不妨与住宅相远。

【原评】

张竹坡曰：真闲人，必以园亭为住宅。

【译文】

忙碌的人的庭院，应该与住宅连着；清闲的人的庭院，不妨离住宅远一些。

【评析】

明清时代，园林建筑空前兴盛。园林艺术的出现，是人们对回归自然的向往。显示出了这段时期人们身心疲惫，于是想要找寻一些摆脱烦恼的方式。此时园林艺术的出现正填补了这项空缺。

园林的山水林木，对奔波劳累、被生活或事业压迫的人们，对厌倦尘世喧嚣生活的人们，带来消闲休憩放松的空间，也提供了一片清静安逸的净土。但欣赏享受园林之美，需要时间，对于整天忙于事务者，想要观赏园林之美，必须要忙中偷闲，这就需要将园林建在离住宅近的地方，可抽空闲时间去赏观；若距离太远，就难有时间去享受。

作者认为“忙人园亭，宜与住宅相连”，清闲之人不同，有的是时间，园亭建得远些也没有关系，有的是时间去游玩，最好远离闹市，或就在野外，因为这更本真，更能得自然之趣。

酒可以当茶

【原文】

酒可以当茶，茶不可以当酒；诗可以当文，文不可以当诗；曲可以当词，词不可以当曲；月可以当灯，灯不可以当月；笔可以当口，口不可以当笔；婢可以当奴，奴不可以当婢。

【原评】

江含徵曰：婢当奴则太亲，吾恐“忽闻河东狮子吼”耳！

周星远曰：奴亦有可以当婢处，但未免稍逊耳。近时士大夫往往耽此癖。吾辈驰骛之流，盗此虚名，亦欲效颦相尚。滔滔者天下皆是也，心斋岂未识其故乎？

张竹坡曰：婢可以当奴者，有奴之所有者也；奴不可以当婢者，有婢之所同有，无婢之所独有者也。

弟木山曰：兄于饮食之顷，恐月不可以当灯。

余湘客曰：以奴当婢，小姐权时落后也。

宗子发曰：惟帝王家不妨以奴当婢，盖以有阉割法也。每见人家奴子出入主母卧房，亦殊可虑。

酒可以当茶

【译文】

酒可以当作茶品，茶不可以当作酒饮；诗可以当作文章来读，文章不可以当作诗来吟诵；曲可以当作词，词不可以当作曲；明月可以当作灯，灯不可以当作明月；笔可以代替口来讲话，口不可以代替笔来抒发情致；婢女可以当作奴仆，奴仆不可以当婢女来使用。

【评析】

有些事物有相同的功用，但不可以通用，因为它们毕竟有自己不同的特性。比如文中就列举出一些事物，以说明它们有着自己不同的作用。

作者认为酒与茶可以解渴，酒能发挥茶的功效，故说酒可当茶。但是茶能醒神明目，却不像酒那么烈，令人麻木暂时忘记忧愁，精神兴奋，故说茶不能当酒。其实茶的清新爽口、茶香悠远是酒所不能取代的，说酒可代茶，也不准确。诗可以叙事，可以抒情，可以表现文所能表现的一切；诗平仄押韵有序，表现的思想跳跃，描写连贯周密，文不能表现出这些特点，所以文不能代替诗。曲是词的发展的延续，比较自由化，一些曲与词没有太大的不同，所以曲可以当词；但词比较含蓄，表现手法细腻，这是曲不具有的特性，所以词不可当曲。月的光亮可以照明，故月可以当灯；灯的光芒只可以照见有限的空间，不能像月亮遍照九州，辉洒大地，所以灯不能当月。笔能写下口想说的一切；但空口无凭，不能代表事物曾经发生过，所以口不能当笔。女奴能做奴仆可做的事情，所以婢可以当奴；而男仆不能出入内室，一些婢女做的事情他们不能做，所以奴不能当婢女。

胸中小不平

【原文】

胸中小不平，可以酒消之；世间大不平，非剑不能消也。

【原评】

周星远曰："看剑引杯长。"一切不平皆破除矣。

张竹坡曰：此平世的剑术，非隐娘辈所知。

张迂庵曰：苍苍者未必肯以太阿假人，似不能代作空空儿也。

尤悔庵曰：龙泉、太阿，汝知我者，岂止苏子美以一斗读《汉书》耶！

【译文】

胸中的小不满，可以用酒精麻醉来消除；人世间的不公平，不用剑是解决不了的。

【评析】

"何以解忧，唯有杜康"，这句千古佳话，是描写酒能解千愁；酒精麻醉神经，就可以暂时忘却一切，所有的烦恼都可以抛掷脑后，无忧无虑一身轻松。但是酒精只是可以解除一己的烦恼和忧愁，如果要是社会的大灾难排在面前，借酒浇愁是不可取的，它不能解决所有的问题，比如匪人骚扰欺凌，必须拿起武器奋起反抗，在拼杀中求取自由，此所谓"世间大不平，非剑不能消也"。

不得已而谀之者

【原文】

不得已而谀之者，宁以口，毋以笔；不可耐而骂之者，亦宁以口，毋以笔。

【原评】

孙豹人曰：但恐未必能自主耳！

张竹坡曰：上句立品，下句立德。

张迂庵曰：匪惟立德，亦以免祸。

顾天石曰：今人笔不谀人，更无用笔之处矣。心斋不知此苦，还是唐、宋以上人耳！

陆云士曰：古笔铭曰："毫毛茂茂，陷水可脱，陷文不活。"正此谓也。亦有谀以笔而实讥之者，亦有骂以笔而若誉之者，总以不笔为高。

【译文】

不得已的要阿谀奉承的，宁愿用嘴说出来，也不要用笔写；不可忍耐的要骂人的，宁可用嘴说出来，也不要诉诸笔端。

【评析】

"铁肩担道义，妙手著文章"，说明古人非常看重手下的这支笔。他们把笔看作是立德、立功、立言的工具，正因为这个原因，作者才写下了这段文字，让人们知道不要亵渎了文章。

文章是要流传后世的，如果写一些污秽的东西，难免影响以后的世人。我们生活在纷繁芜杂的尘世中，不免有很多的怨恨和无奈，有时还要讲一些言不由衷、不合实际的话。遭到不公平的事情，或遇到什么委屈，尽可以骂街，但也不可诉诸笔端。诉诸笔墨，既亵渎了文字，传之后世，还会成为别人的笑柄。

多情者必好色

【原文】

多情者必好色，而好色者未必尽属多情；红颜者必薄命，而薄命者未必尽属红颜；能诗者必好酒，而好酒者未必尽属能诗。

【原评】

张竹坡曰：情起于色者，则好色也，非情也；祸起于颜色者，则薄命在红颜否，则亦止曰，命而已矣！

洪秋士曰：世亦有能诗而不好酒者。

【译文】

多情的人一定喜欢美色，但喜好美色的人不一定都是多情的人；美貌的女子命运一定多劫，而命运多劫的人不一定都是美人；擅长写诗的人一定都喜欢喝酒，但喜欢喝酒的人不一定都可以作诗。

【评析】

多情者富于感情，其好色，也出于真诚，出于至爱，是怜香惜玉的爱美之心；但好色之徒却不一定都是出于真心，有些是出于动物的本能冲动，是占有欲作祟，所以不同于多情者的好色。

红颜薄命，在封建社会男尊女卑的制度下，她们一般都是被作为一种玩物，被看作一种可以传宗接代的工具而存在，她们的命运悲惨，几乎是一种必然。但薄命者又何止于红颜？如怀才不遇、穷困潦倒、志比鸿鹄、身为下贱，这些人何尝不是命薄如纸呢？

像李白斗酒诗百篇，酒助诗兴，可见“能诗者必好酒”；但脑满肠肥的富商、官宦、街头武夫，也终日沉湎于美酒佳肴之中，然而却不懂作诗吟赋。

梅令人高

【原文】

梅令人高，兰令人幽，菊令人野，莲令人淡，春海棠令人艳，牡丹令人豪，蕉与竹令人韵，秋海棠令人媚，松令人逸，桐令人清，柳令人感。

【原评】

张竹坡曰：美人令众卉皆香，名士令群芳俱舞。

尤谨庸曰：读之惊才绝艳，堪采入《群芳谱》中。

【译文】

梅花使人感到高洁，兰花使人感到优雅宁静，菊花使人感到野气横生，莲花给人以淡雅之感，春海棠使人感到艳丽，牡丹使人感到豪放，芭蕉与竹子让人感到诗意盎然，秋海棠使人感到妩媚，松树使人感到飘逸，梧桐树使人感到清纯，柳树使人感慨万千。

物之能感人者

【原文】

物之能感人者，在天莫如月，在乐莫如琴，在动物莫如鹃，在植物莫如柳。

【译文】

万物能够感动人的，在天上没有能比过月亮的，在音乐中没有能比过琴声的，在动物中没有能比得过杜鹃的，在植物中没有能比得过柳树的。

【评析】

物能感人，因为人们对事物赋予了太多的情感，所以物就具有了感人的特性。

作者把月亮、琴声、杜鹃、柳树作为各物中之最。如月，有阴晴圆缺，给人带来无限的遐想和不同的感受，由圆想到圆满、由缺想到独处，月缺月盈人之常青，但是在月圆之日和月缺之时会给我们带来不同的心境；于是月也就成为骚人墨客笔下的宠儿，也因此写下了许多关于月的华章。如琴，抒发各种感情，或幽怨、或相思、或喜悦、或艳羡、或志向高远。琴也流传着许多脍炙人口的佳话：俞伯牙因钟子期死，失去知音，将琴摔碎，不复弹奏，这样看来因琴而生的感情实在是震撼人心。如杜鹃，“子鹃啼血”其鸣啭，让客地漂流者伤感思归，让深闺思妇想到别离之苦，使人生出无限伤感。如柳，折柳赠人让人感受到情意的无限珍贵。

物之能感人者

妻子颇足累人

【原文】

妻子颇足累人，羡和靖梅妻鹤子；奴婢亦能供职，喜志和樵婢渔奴。

【原评】

尤悔庵曰：梅妻鹤子，樵婢渔童，可称绝对。人生眷属，得此足矣！

【译文】

妻子和儿女是最负累人的，真羡慕林和靖以梅为妻，以鹤为自己的孩子；奴仆婢女也能担当这样的任务，令人欣喜的是张志和竟然以樵夫做婢女，以渔夫做奴仆。

【评析】

家庭是心灵休憩的港湾，累了、烦了我们有家人的呵护和陪伴，在家里能够享受到亲情带给我们的幸福滋味。但是有了家室之后身上自然就多了一份责任感，为了家人生活得更好而要整日奔波劳累。

由于有人不堪忍受生活带给自己的负累，于是选择一种逃避的方式，选择了别样的方式去生活，这段文字就是说林和靖和张志和不一样的生活。

林和靖“梅妻鹤子”，不用为了家人的生活而有太多的压力，独处自乐；张志和看破红尘，从不测宦海中急流勇退，渔樵为志，得隐居的安逸。这样的生活何尝不是一种生活？只要能自得其乐，选择什么样的生活方式并不重要。

涉猎虽曰无用

【原文】

涉猎虽曰无用，犹胜于不通古今；清高固然可嘉，莫流于不识时务。

【原评】

黄交三曰：南阳抱膝时，原非清高者可比。

江含徵曰：此是心斋经济语。

张竹坡曰：不合时宜，则可；不达时务，奚其可？

尤悔庵曰：名言！名言！

【译文】

涉猎广泛虽说没有太大用处，但是也比对于古今一无所知要好；清高固然值得赞赏，但不要限于不识时务。

【评析】

学识渊博是每个读书人都想达到的境界，涉猎深广也是他们所追求的目标。好读书而不求甚解，不足以明白知识的全部，不能使知识融会贯通；博览群籍而不求专精，只知道一点皮毛不足以成就大事；但是相比于对于古今之事一无所知的人，涉猎一些知识，虽不能在学业上有所建树，也还是很有意义的。

洁身自好，自尊自爱，不与社会上的污浊同流合污，是很好的事情，但如果自命清高、自命不凡、目中无人，甚或是不接受他人意见，顽固死守自己的意见，不能认识到社会的发展，这样不识时务的人，不会成为社会的精英，更很难成为对社会有较大贡献的人。

所谓美人者

【原文】

所谓美人者，以花为貌，以鸟为声，以月为神，以柳为态，以玉为骨，以冰雪为肤，以秋水为姿，以诗词为心，吾无间然矣。

【原评】

冒辟疆曰：合古今灵秀之气，庶几铸此一人。

江含徵曰：还要有松蘖之操才好。

黄交三曰：论美人而曰“以诗词为心”，真是闻所未闻！

【译文】

所说的美人就是，有鲜花一样的容貌，鸟鸣叫一样的声音，月一样的精神，柳一样的体态，玉一样的骨骼，冰雪一样的肌肤，秋水一样的资质，诗词一样的情感，这样我们就无可挑剔了。

蝇集人面

【原文】

蝇集人面，蚊嘬人肤，不知以人为何物！

【原评】

陈康畴曰：应是头陀转世，意中但求布施也。

释菌人曰：不堪道破！

张竹坡曰：此《南华》精髓也。

尤悔庵曰：正以人之血肉只堪供蝇蚊咀嘬耳。以我视之，人也；自蝇蚊视之，何异腥膻臭腐乎！

陆云士曰：集人面者，非蝇而蝇；嘬人肤者，非蚊而蚊。明知其为人也，而集之、嘬之，更不知其以人为何物！

【译文】

苍蝇聚集在人的脸上，蚊子叮咬人的皮肤，不知道它们把人当成了什么！

【评析】

在污浊的社会，处处都是污渍，处处都是垃圾，人们不堪忍受，可是却也摆脱不了这种现实的磨难。文中写苍蝇落在人的脸上，蚊子叮咬着人的皮肤。蚊子和苍蝇都是生活在极其污浊的地方，那么就是说人的脸和皮肤都是垃圾场吗？由此可以看出作者写这段文字主要是想向世人说明世界上的污浊都存在着，可是人们却看不到，于是用苍蝇、蚊子来指出。就连我们形容人同流合污时不也用“蝇营狗苟”“蝇头微利”这些词吗？

从这则文字中可以看出当时社会是多么黑暗，于是作者就诉诸文字。

有山林隐逸之乐而不知享者

【原文】

有山林隐逸之乐而不知享者，渔樵也，农圃也，缁黄也；有园亭姬妾之乐而不能享、不善享者，富商也，大僚也。

【原评】

弟木山曰：有山珍海错而不能享者，庖人也；有牙签玉轴而不能读者，蠹鱼也，书贾也。

【译文】

拥有山林的乐趣却不知道享受的，有渔夫、樵夫、农夫、僧人；有庭院高阁、妻贤妾美的快乐却不能享受、不善于享受的，是富商和位高权重的官人。

【评析】

"鱼和熊掌不可得兼"这句话正说明了世事不可能圆满、没有缺憾的。也许人生偏就这样无奈。渔夫樵夫整日行走在山林之中，僧人道士身处名山大川之中，周围就是无限的美好风光，但他们有的则是为生活所迫，疲于奔命劳作；或为参禅悟道而苦修真炼，他们虽身在优美的环境之中，却没有观光赏美的雅兴，所以就连身在美景之中都不知道。对于达官显贵、富商大贾来说，拥有众多庭院高阁、娇妻美妾，却为追求功名利禄而整日不停奔忙，把所有的美好事物抛之脑后，一样没有享受的余暇。

黎举云

【原文】

黎举云："欲令梅聘海棠，枨子（想是橙）臣樱桃，以芥嫁笋，但时不同耳！"予谓物各有偶，拟必于伦。今之嫁娶，殊觉未当。如梅之为物，品最清高；棠之为物，姿极妖艳。即使同时，亦不可为夫妇。不如梅聘梨花，海棠嫁杏，橼臣佛手，荔枝臣樱桃，秋海棠嫁雁来红，庶几相称耳。至若以芥嫁笋，笋如有知，必受河东狮子之累矣。

【原评】

弟木山曰：余尝以芍药为牡丹后，因作贺表一通。兄曾云："但恐芍药未必肯耳！"

石天外曰：花神有知，当以花果数升谢蹇修矣。

姜学在曰：雁来红做新郎，真个是老少年也。

【译文】

黎举说："想让梅树娶海棠，枨子臣服于樱桃，让芥菜嫁给竹笋，但是它们生长的时间不同！"我认为万事万物都有自己的配偶，比拟要是自己的同类。像黎举说的嫁娶，就很不恰当。比如梅花作为一种植物，品行最清高；而海棠却是植物中最为艳丽的，即使是同一时间盛开也不能成为夫妻。不如让梅花娶茉莉花，海棠嫁给杏，橼臣服于佛手，荔枝臣服于樱桃，秋海棠嫁给雁来红，这样大概才相称。至于将芥菜嫁给竹笋，竹笋如果知道的话，一定会受到河东狮吼般的凌辱。

五色有太过

【原文】

五色有太过，有不及，惟黑与白无太过。

惟黑与白无太过

【原评】

杜茶村曰：居独不闻唐有李太白乎？

江含徵曰：又不闻"玄之又玄"乎？

尤悔庵曰：知此道者，其惟弈乎！老子曰："知其白，守其黑。"

【译文】

红黄蓝绿紫等各种颜色中，有的太浓，有的太淡，只有黑和白没有太过浓淡。

许氏《说文》分部

【原文】

许氏《说文》分部，有止有其部，而无所属之字者，下必注云："凡某之属，皆从某。"赘句殊觉可笑，何不省此一句乎？

【原评】

谭公子曰：此独民县到任告示耳。

王司直曰：此亦古史之遗。

【译文】

许慎的《说文解字》中在分立部首时，有的只是部首这个字，而没有另外所属于这个部的字，下面也一定注释说："凡属某部的字都从某。"这种多余的解释让人觉得很好笑，为什么不可以省去这个解释呢？

阅《水浒传》

【原文】

阅《水浒传》，至鲁达打镇关西、武松打虎，因思人生必有一桩极快意事，方不枉在生一场。即不能有其事，亦须著得一种得意之书，庶几无憾耳！（如李太白有贵妃捧砚事，司马相如有文君当垆事，严子陵有足加帝腹事，王之涣、王昌龄有旗亭画壁事，王子安有顺风过江作《滕王阁序》事之类。）

【原评】

张竹坡曰：此等事，必须无意中方做得来。

陆云士曰：心斋所著得意之书颇多，不止一打快活林、一打景阳冈称快意矣。

弟木山曰：兄若打中山狼，更极快意。

【译文】

阅读《水浒传》，看到鲁达拳打镇关西、武松打虎，因此想到人生中必定要做一件十分快意的事情，才不枉在世上活一场。即使不能有这样的事，也应该写一本得意的书，这样也就不会再有遗憾了！（像李白有杨贵妃为他捧砚台，司马相如有卓文君为他当垆卖酒，严子陵将脚放在帝王的肚子上，王之涣、王昌龄有旗亭画壁论诗比高低，王勃山水助诗风一夜之间作了《滕王阁序》这样的事情。）

春风如酒

【原文】

春风如酒，夏风如茗，秋风如烟，如姜芥。

【原评】

许筠庵曰：所以秋风客气味狠辣。

张竹坡日：安得东风夜夜来！

【译文】

春风像酒一样醉人；夏风像茶一样清新；秋风像烟一样呛人，像生姜、芥末一样辣人。

【评析】

这则文字是说三个季节的风的不同特点，作者极其生动又准确地描述了不同季节的风带给人们的不同感觉。

“春风如酒”，指的是春风轻柔、温暖，风中夹杂着泥土与新生嫩绿植物的清新气息，给人一种温暖的、柔和舒适的醉人感，像是整个人都被清洗过滤了一样。“夏风如茗”，在盛夏，炎热无比，人们好像要被大地烤焦了一样，这时吹来一股凉风，就像一杯清凉的茶，顿时沁入人的心脾，让你享受无尽的凉爽。秋风瑟瑟，吹得万物枯黄，于是大地失去了盎然生机，人觉得干燥难当，烟熏火燎，就像吃了生姜和芥末一样的感觉。作者用这四种事物作比，十分贴切。

冰裂纹极雅

【原文】

冰裂纹极雅，然宜细不宜肥。若以之作窗栏，殊不耐观也。（冰裂纹须分大小，先作大冰裂，再于每大块之中作小冰裂，方佳。）

【原评】

江含徵曰：此便是哥窑纹也。

靳熊封曰："一片冰心在玉壶"，可以移赠。

【译文】

冰裂是非常雅致的，但是纹路要细小，不要太粗大。如果用这种冰裂做窗栏，那就很不耐看了。（冰裂纹要分大小的，先造大的冰裂纹，再在每个大块中做小的冰裂纹，这样才好。）

【评析】

冰裂纹又称开片，瓷器釉层中的裂纹。冰裂纹原本是在烧制过程中的一种变化，但歪打正着，却有着极美的纹路，于是工匠艺人便转而有意用它来作为瓷器的装饰，如此，它便成为瓷器制造上一种重要的文饰特征。

这段文字讲，冰裂纹"宜细不宜肥"，就是说小的冰裂纹要比大的冰裂纹在制作工艺上要好。作者建议：应先做大冰裂，再于每块大冰裂中制小冰裂，这样才能有上佳的效果。

鸟声之最佳者

【原文】

鸟声之最佳者，画眉第一，黄鹂、百舌次之。然黄鹂、百舌，世未有笼而蓄之者。其殆高士之俦，可闻而不可屈者耶。

【原评】

江含徵曰：又有“打起黄莺儿”者，然则亦有时用他不着。

陆云士曰：“黄鹂住久浑相识，欲别频啼四五声。”来去有情，正不必笼而蓄之也。

【译文】

鸟类之中啼叫声音最好听的，画眉数第一，其次是黄鹂和百舌。然而对于黄鹂和百舌来说，世上没有人可以将它们用笼子关起来养的。它们大概是属隐士中的一类，只可以听其声音，而不可能屈服于人的。

【评析】

这则文字看似说鸟，其实是托物喻人。作者以不同的鸟而喻指不同的人。

鸟声是否悦耳动听，纯粹是外在的形式，人也是一样。黄鹂、百舌，它们的鸣叫虽不如画眉的动听，但它们不受牢笼羁束，保持自由的生活方式，这就暗指一些不为统治者利用、不做走狗的人，他们是真的隐士，作者认为这样的人，才称得上事实上的第一流品格。而画眉像是被豢养的宠物，反而不是真正的品格一流的人物。这才是张潮所要表达的真正意思。

不治生产

【原文】

不治生产，其后必致累人；专务交游，其后必致累己。

【原评】

杨圣藻曰：晨钟夕磬，发人深省。

冒巢民曰：若在我，虽累人、累己，亦所不悔。

宗子发曰：累己犹可，若累人，则不可矣。

江含徵曰：今之人未必肯受你累，还是自家稳些的好。

【译文】

不从事劳动生产，将来一定会拖累别人；一心只知道交友应酬，到最后必定会使自己受到牵累。

【评析】

不劳动不创造财富，那么在这个社会上就很难立足。事实上每一个时代，每一个人都在为自己的生活而努力奔波劳累，如果你不事生产只是将自己的生活寄托于别人，不但会连累他人，可能到最后还会遭到他人的遗弃。不事生产，而寄生于他人，就失去了尊严，受人的摆布，听别人的闲言碎语。在自己，吃人家的嘴软；在他人，视其为多余的人。

多交朋友会使自己的道路越走越宽广，朋友是人生的一大财富；但不务正业，终日沉湎于交友应酬之间，荒废了学业、事业，不能有所建树，这样交再多的朋友，也将会失去意义。而且，无选择、不讲原则的滥交，这样就不如不交朋友。“专务交游，其后必致累己”，也可为人生座右铭。

昔人云

【原文】

昔人云："妇人识字，多致诲淫。"予谓此非识字之过也。盖识字则非无闻之人，其淫也，人易得而知耳。

【原评】

张竹坡曰：此名士持身，不可不加谨也。

李若金曰：贞者识字愈贞，淫者不识字亦淫。

【译文】

前人曾经说："妇女认识字，大多会导致淫荡。"我认为这不是识字的过错。大概识字的人并不是没有名声的人，假如她们淫荡，别人很快就会知道的。

【评析】

在男尊女卑的封建社会，一直有一种观念认为"女子无才便是德"，女人一直是作为男人的附属品出现的；而读书识字，也成了男人的专利，于是女子识字，则被认为是淫秽的开始，这种言论显然是一种荒谬的理论。从"予谓此非识字之过也"可看出作者对这一说法并不认可。

在他看来，女子识字者可谓是屈指可数，自是社会的佼佼者，也就是说是社会的名人。对于名人，人们自然就会格外关注她们的所有，其中包括她们的隐私，也分外容易被人们当作一件大事来论说。但其实，淫秽不分性别，淫也都是极个别极鲜见的，所以，称“女子识字，多致诲淫”，只是对女子的偏见，对女子的一种亵渎，并不能成立。作为封建士夫，作者能为女子识字辩护，难能可贵。

善读书者

【原文】

善读书者，无之而非书：山水亦书也，棋酒亦书也，花月亦书也。善游山水者，无之而非山水：书史亦山水也，诗酒亦山水也，花月亦山水也。

【原评】

陈鹤山曰：此方是真善读书人，善游山水人。

黄交三曰：善于领会者，当作如是观。

江含徵曰：五更卧被时，有无数山水书籍在眼前胸中。

尤悔庵曰：山耶，水耶，书耶？一而二，二而三，三而一者也。

陆云士曰：妙舌如环，真慧业文人之语。

【译文】

善于读书的人，没有什么不是书的：山水也是书，棋和酒也是书，鲜花和明月也是书。喜欢游览山水的人，没有不是山水的：书史也是山水，诗和酒也是山水，花和月也是山水。

【评析】

人生是部五彩斑斓的大书，社会是部内容丰富多彩的大书，宇宙自然更是部包罗万象的大书，身在其中就像徜徉在一部奇异的书本之

善读书者，无之而非书

中。它们有书本包容不尽的内容，有远比书本更为丰富的内涵。相对于书本而言，它们的内容直观又深邃，易于接受又异彩纷呈，有着数不尽的知识在其中。山水自然、饮酒下棋、风花雪月，都可做书看，从中可以学到书本上学不到的知识。读自然人生之书，需要人有明敏的感悟能力，要用心观察，处处留心皆学问。游览山水也是这样的。喜欢游山水的人主要是得山水之精神，为了参悟出自然人生的大道理。书史、诗酒、花月，都有这样的内涵，从中都能感受到山水的精神，所以说这些事物也是山水。

园亭之妙

【原文】

园亭之妙，在丘壑布置，不在雕绘琐屑。往往见人家园亭，屋脊墙头，雕砖镂瓦，非不穷极工巧，然未久即坏，坏后极难修葺，是何如朴素之为佳乎！

【原评】

江含徵曰：世间最令人神怆者，莫如名园雅墅，一经颓废，风台月榭，埋没荆棘。故昔之贤达，有不欲置别业者。予尝过琴虞，留题名园，句有云："而今绮砌雕栏在，剩与园丁作业钱。"盖伤之也。

弟木山曰：予尝悟作园亭与作光棍二法：园亭之善，在多回廊；光棍之恶，在能结讼。

【译文】

园林亭台的巧妙之处在于，丘陵与沟壑的匠心独运的布置，而不是在于精雕细刻上。没看见别人家的园林亭台、屋脊墙头、雕砖镂瓦，并不是没有精工巧琢，只是过不了多长时间就会坏掉，坏了之后很难修整，这哪能比得上那些朴实素雅的好呢！

【评析】

亭台楼阁兴起于晚明，这时人们厌倦了尘世的喧嚣芜杂，于是有着对回归自然的神往，于是他们就将这种感情寄托于建造天然的园林中，作为自己暂时休憩和放松心情的一个场所。这时的园林设计没有忘记其本质精神，即模仿自然，让人在这休息的地方感受到自然之美。而随着园林建筑的发展，这些原本追求的本质的东西渐渐发生了改变。

这则文字阐述了作者自己对园林亭阁的精到见解。作者写出园林的建筑已经脱离了本原，而成为攀比摆阔的形式。主人将自己的园林精雕细琢，显示豪华高贵，但是园林的魂魄已经完全消失了。作者还进一层说，过于精雕细刻，则容易毁坏，毁坏又难以修整，于是园林不再是人放松精神和休憩的场所，反而成为人的一种负累。

清宵独坐

【原文】

清宵独坐，邀月言愁；良夜孤眠，呼蛩语恨。

【原评】

袁士旦曰：令我百端交集。

黄孔植曰：此逆旅无聊之况，心斋亦知之乎！

【译文】

清幽的夜晚一个人独坐，只好邀来明月诉说愁苦的思绪；美好的夜晚独自躺在床上，只有唤来蟋蟀告诉它自己的惆怅。

官声采于舆论

【原文】

官声采于舆论，豪右之口与寒乞之口俱不得其真；花案定于成心，艳媚之评与寝陋之评概恐失其实。

【原评】

黄九烟曰：先师有言："不如乡人之善者，好之；其不善者，恶之。"

李若金曰：豪右而不讲分上，寒乞而不望推恩者，亦未尝无公论。

倪永清曰：我谓众人唾骂者，其人必有可观。

【译文】

官员为官的名声来自公众的评说中，从豪门望族和贫贱的百姓口中得到的话，都是不可以相信的；桃色事件的形成在于成见，而艳丽妖媚和丑陋的说法，恐怕不是实情。

胸藏丘壑

【原文】

胸藏丘壑，城市不异山林；兴寄烟霞，阎浮有如蓬岛。

【译文】

胸中藏有千丘沟壑，生活在城市和山林里没有什么区别；兴趣寄托在烟霞云雾之中，生活在尘世就如身处在蓬莱仙岛一样。

【评析】

人们生活在什么样的环境中，城市与山林，尘世与仙境，没有太大的区别，只是在于观赏主体的感受不同，于是就会产生不一样的结果。

生活在城市中，如果能够胸襟开阔，胸怀坦荡，忘却城市的烦恼，而像处于山林之中，无拘无束，自由自在，不受压抑，保持良好的心境，那就同样可以发现许多胜景，在城市也和在山林一样快乐，还有什么不一样的呢？而如果身在山林，却心浮气躁，渴望世俗的繁华，恋慕尘世的享乐，心向功名利禄，虽处在山林之中，也无法享受处于山林之中的乐趣。同样身在尘世，淡泊名利，身心俱净，不沉湎于尘世的酒色财气，不陷于俗世中的儿女情长，不贪恋功名富贵，虽身在尘世，心灵已经皈依仙境，这和身处在蓬莱仙岛没有什么区别。反之，虽然身处在蓬莱仙岛，却心有杂陈，这就好像身在尘世之中。

梧桐为植物中清品

【原文】

梧桐为植物中清品，而形家独忌之，甚且谓“梧桐大如斗，主人往外走”，若竟视为不祥之物也者。夫剪桐封弟，其为宫中之桐可知；而卜世最久者，莫过于周。俗言之不足据，类如此夫！

【原评】

江含徵曰：爱碧梧者，遂艰于白镪。造物盖忌之，故靳之也。有何吉凶、休咎之可关！只是打秋风时光棍样可厌耳！

尤悔庵曰：“梧桐生矣，于彼朝阳”，《诗》言之矣。

倪永清曰：心斋为梧桐雪千古之奇冤，百卉俱当九顿。

【译文】

梧桐树是植物中最清贵的品种，而看风水的人却非常忌讳它，甚至还说“梧桐大如斗，主人往外走”，竟然把它视为不祥之物。像历史上周成王剪桐封弟的事，可以看出梧桐树是宫中的树；而用卜卦预测传国最久的，没有比得过周朝的。世俗的话不足以使人相信，大概就是这样的吧！

【评析】

作者在这则文字中通过梧桐树的说法，印证了俗言的不可相信。梧桐树为植物中的清品，凤凰栖息于上，梧桐木可以制造琴，但阴阳风水先生们却忌讳梧桐存在于院落之中，还说“梧桐大如斗，主人往外走”，认为梧桐会妨碍主人，会影响主人的命运。这显然是无稽之谈，作者对这种观点是不肯苟同的。他举历史上酷信占卜又享国最久的周朝加以反驳风水先生的话，故事是说：周成王在宫中能剪桐封弟，可以看出梧桐树当时在宫中是十分受重视的。宫中植桐却能长久享国，以梧桐为忌，这显然与历史是相悖的。

多情者不以生死易心

多情者不以生死易心

【原文】

多情者不以生死易心；好饮者不以寒暑改量；喜读书者，不以忙闲作辍。

【原评】

朱其恭曰：此三言者，皆是心斋自为写照。

王司直曰：我愿饮酒、读《离骚》，至死方辍，何如?

【译文】

多情的人，不会因为人的生死而变心；喜好饮酒的人，不会因为季节的变化而改变酒量；喜欢读书的人，不会因为忙碌或清闲而中断读书。

【评析】

真正的喜好不会为什么所谓的原因而改变，如果是真的喜好是恒久不变的。就像人们的感情一样，与生命同在，不会因为时间而改变，也不会因为地位而改变，它可以经受住任何考验，沧海桑田，海枯石烂，至死不渝的真情感，这样的人才是有情人。喜欢喝酒的人，酒是他的至爱，不会因为天气的突变而改变，也不会因为其他的事情而改变自己的嗜好。喜爱读书，读书就不再是为了消闲或打发时光，闲暇时要读，繁忙时也能忙中抽闲，成为每天必须做的事情。

蛛为蝶之敌国

【原文】

蛛为蝶之敌国，驴为马之附庸。

【原评】

周星远曰：妙论解颐，不数晋人危语、隐语。

黄交三曰：自开辟以来，未闻有此奇论。

【译文】

蜘蛛是蝴蝶的敌人，驴是马的附庸。

立品

【原文】

立品，须发乎宋人之道学；涉世，须参以晋代之风流。

【原评】

方宝臣曰：真道学，未有不风流者。

张竹坡曰：夫子自道也。

胡静夫曰：予赠金陵前辈赵容庵句云："文章鼎立庄骚外，杖履风流晋宋间。"今当移赠山老。

倪永清曰：等闲地位，却是个双料圣人。

陆云士曰：有不风流之道学，有风流之道学；有不道学之风流，有道学之风流，毫厘千里。

【译文】

树立品行，应当发扬宋人理学的要义；立身处世，应当参照晋人的风流洒脱。

古谓禽兽亦知人伦

【原文】

古谓禽兽亦知人伦。予谓匪独禽兽也，即草木亦复有之。牡丹为王，芍药为相，其君臣也；南山之乔，北山之梓，其父子也；荆之闻分而枯，闻不分而活，其兄弟也；莲之并蒂，其夫妇也；兰之同心，其朋友也。

【原评】

江含徵曰：纲常伦理，今日几于扫地，合向花木鸟兽中求之。又曰：心斋不喜迂腐，此却有腐气。

【译文】

古人说禽兽也知道人伦关系。我说不只禽兽有这种关系，就连花草树木也有这种关系。牡丹为花中之王，芍药为花中之相，它们之间是君臣关系；南山乔木，北山的梓树，它们是父子；紫荆树知道要被分割便枯萎了，知道不分就复活了，它们之间是兄弟的关系；莲花中的并蒂，它们是夫妇关系；兰花同心，这是朋友关系。

豪杰易于圣贤

【原文】

豪杰易于圣贤，文人多于才子。

【原评】

张竹坡曰：豪杰不能为圣贤，圣贤未有不豪杰。文人才子亦然。

【译文】

做豪杰要比做圣贤容易，文人要多于才子。

【评析】

有才艺，能显露头角，便可以被人们所称颂，就可以称为豪杰。悠悠岁月，中国历史能峥嵘显露，出人头地的豪杰数不胜数，但是圣贤却是屈指可数。圣贤者才华出众，当今师范，为后世仰瞻，代代为师表，万古流传，这样的豪杰，才可以称得上是真圣贤。

文人与才子，也就好像豪杰与圣贤一样。读几卷书，写几篇文章，都可以称文人，所以文人处处可见。但风华绝代，才情超绝，锦绣文章如神来之笔的才子，只能让人心生羡慕，却无法学来。他们是文人中的精粹，所以说文人易寻，才子难觅是很有道理的。

牛与马

【原文】

牛与马，一仕而一隐也；鹿与豕，一仙而一凡也。

【原评】

杜茶村曰：田单之火牛，亦曾效力疆场；至马之隐者，则绝无之矣。若武王归马于华山之阳，所谓“勒令致仕”者也。

张竹坡曰：“莫与儿孙作马牛”，盖为后人审出处语也。

【译文】

牛和马，一个是所谓的官吏，一个是隐士；鹿和猪，一个是神仙，一个是凡人。

古今至文

【原文】

古今至文，皆血泪所致。

【原评】

吴晴岩曰：山老《清泪痕》一书，细看皆是血泪。

江含徵曰：古今恶文，亦纯是血。

【译文】

古往今来的最好文章，都是作者用血泪写成的。

【评析】

天下最好的文章都是用血泪写成，这句话的确不假。如司马迁说：“文王拘而演《周易》；仲尼厄而作《春秋》；屈原放逐，乃赋《离骚》；左丘失明，厥有《国语》；孙子膑脚，《兵法》修列；不韦迁蜀，世传《吕览》；韩非囚秦，《说难》《孤愤》；《诗》三百篇，大底圣贤发愤之所为作也。”

曹雪芹《红楼梦》也说“满纸荒唐言，一把辛酸泪”。只有经历了磨难，对社会、人生有了透彻的认识，才可能产生深刻的体会，同时发自内心的真情感，才可以写出惊世骇俗的好作品、好文章。

情之一字

【原文】

情之一字，所以维持世界；才之一字，所以粉饰乾坤。

【原评】

吴雨若曰：世界原从情字生出。有夫妇，然后有父子；有父子，然后有兄弟；有兄弟，然后有朋友；有朋友，然后有君臣。

释中洲曰：情与才缺一不可。

【译文】

“情”这个字，是维持世界的因素；“才”这个字，将世界粉饰得更加美好。

孔子生于东鲁

【原文】

孔子生于东鲁。东者，生方，故礼乐文章，其道皆自无而有。释迦生于西方。西者，死地，故受想行识，其教皆自有而无。

情之一字，所以维持世界

【原评】

吴街南曰：佛游东土，佛入生方；人望西天，岂知是寻死地？呜呼，西方之人兮，之死靡他！

殷日戒曰：孔子只勉人生时用功，佛氏只教人死时作主，各自一意。

倪永清曰：盘古生于天心，故其人在不有不无之间。

【译文】

孔子出生于位于东方的鲁国。东方是出生的方向，所以它所代表的儒家礼乐文章，都是遵循从无到有的规律的。释迦牟尼出生于西方。西方向来都被看作是沉没的所在，所以佛家的色受想行，它们的教义都是从有到无的。

有青山方有绿水

【原文】

有青山方有绿水，水惟借色于山；有美酒便有佳诗，诗亦乞灵于酒。

【原评】

李圣许曰：有青山绿水，乃可酌美酒而咏佳诗。是诗酒又发端于山水也。

【译文】

有青山才会有绿水，水是向山借取了颜色；有美酒便有好诗，作好诗的灵感是来自于美酒的。

【评析】

有山有水，山水相间才能体会到山水自然带给人们的美感。只有山没有水，显示不出山的高峻挺拔，气势雄壮；只有水没有山，显示不出水的灵秀，两者是相互补充而存在的，它们之间是相互映衬而生的，少了哪一个都会逊色很多，都会显得单调。

诗人要有美酒相伴，美酒给诗人带来灵感，说明酒与诗有着极深的因缘。美酒同样是诗人笔下的宠儿，他们不仅描写美酒，同时在美酒的陶醉下，孕育出灵感，激情喷薄，笔下生风，写出无数华美的文章。

严君平

【原文】

严君平，以卜讲学者也；孙思邈，以医讲学者也；诸葛武侯，以出师讲学者也。

【原评】

殷日戒曰：心斋殆又以《幽梦影》讲学者耶！

戴田友曰：如此讲学，才可称道学先生。

【译文】

严君平是以占卜的方法传授学问的；孙思邈是用医学来传授学问的；诸葛亮是用行军打仗的方式来传授学问的。

【评析】

讲学在古代主要是以先生教授，学生听课为主，而作者打破了以往的呆板的模式，不再是强调先生的讲授，而是言传身教的方式来启发学生，使他们能够从实践中得到知识。

严君平以占卜为事业，他在占卜的过程中将知识摆在了世人的面前；孙思邈行医治病，直接向人们传授了医学知识；诸葛亮带兵打仗，展示出了他在作战方面的智慧。这些都是见诸行动与事功，比轻描淡写地讲，更有意义；身教较之侃侃而谈，也更容易使人接受。这种重行的思想，显然是受明末清初重实践反浮夸不实思想熏陶而来，是进步思想的体现。

人则女美于男

【原文】

人则女美于男，禽则雄华于雌，兽则牝牡无分者也。

【原评】

杜于皇曰：人亦有男美于女者，此尚非确论。

徐松之曰：此是茶村兴到之言，亦非定论。

【译文】

人类中女人要比男的美丽，禽类中雄性要比雌性华丽，兽类中雄雌分不出美丑。

镜不幸而遇嫫母

【原文】

镜不幸而遇嫫母，砚不幸而遇俗子，剑不幸而遇庸将，皆无可奈何之事。

【原评】

杨圣藻曰：凡不幸者，皆可以此概之。

闵宾连曰：心斋案头无一佳砚，然诗、文绝无一点尘俗气。此又砚之大幸也。

曹冲谷曰：最无可奈何者，佳人定随痴汉。

【译文】

镜子不幸遇到了丑陋的嫫母，砚台不幸遇到了凡夫俗子，宝剑不幸遇到了平庸的将才，都是无可奈何的事情。

【评析】

人生总会有很多的无奈，比如少年不得志，比如英雄无用武之地，比如千里马之才却没有伯乐来发掘，这些都是很无奈的事，但是当遭遇这些事情，而且我们又无力改变的时候，只有慨叹人生。

用来梳妆打扮的镜子遇到奇丑女子；供人挥毫泼墨、著书立说的砚台遭遇平庸的文人；削铁如泥、所向披靡的宝剑落在了无能的将领手中，这些都是无可奈何的事情。

而有感有知的才人，纵使学富五车，不被赏识，也终如千里马不遇伯乐，唯空鸣长嘶、暗自悲切而已。作者这里明写物，实写人，写其一己不得志的心情，书写不得志人的烦恼，表现了自己的无奈。

天下无书则已

【原文】

天下无书则已，有则必当读；无酒则已，有则必当饮；无名山则已，有则必当游；无花月则已，有则必当赏玩；无才子佳人则已，有则必当爱慕怜惜。

【原评】

弟木山曰：谈何容易！即吾家黄山，几能得一到耶？

【译文】

天下没有书就算了，有则一定要读；没有酒也就罢了，有就一定要品尝；没有名山大川就罢了，有就一定要游览观赏；没有鲜花和明月就算了，有就一定要欣赏品玩；无才子佳人就罢了，有就一定要爱慕怜惜。

秋虫春鸟

【原文】

秋虫春鸟，尚能调声弄舌，时吐好音；我辈搦管拈毫，岂可甘作鸦鸣牛喘？

【原评】

吴薗次曰：牛若不喘，宰相安肯问之？

张竹坡曰：宰相不问科律而问牛喘，真是文章司命！

倪永清曰：世皆以鸦鸣牛喘为凤歌鸾唱，奈何！

【译文】

秋虫春鸟，尚且能调出美妙的鸣啭，不时吐出动听的声音；我们这些舞文弄墨的人难道要做一些鸦鸣牛喘一样的劣质文章吗？

媸颜陋质

【原文】

媸颜陋质，不与镜为仇者，亦以镜为无知之死物耳。使镜而有知，必遭扑破矣。

【原评】

江含徵曰：镜而有知，遇若辈早已回避矣。

张竹坡曰：镜而有知，必当化媸为妍。

【译文】

容貌丑陋，皮肤粗糙的人不与镜子结仇，也是因为他们以为镜子是没有意识的死的东西。假使镜子有知觉的话，一定会被打得粉碎。

【评析】

镜子反映的是事物的本来面目，它不会隐恶扬善，也不会讽刺讥笑，只是将人最真实的一面表现出来，所以再丑陋的人也不会怪罪镜子。但是，如果镜子不再只是反映客观现实，而是有意歪曲现实，那么结局就会不一样了。同样在现实生活中，我们也不会厌恶真心

媸颜陋质，不与镜为仇者

指正我们错误的人，他们是真心要我们改正自己以做到最好，所以我们会感谢他；但是对于故意讽刺或是有意中伤的人，我们一定会全力相抗，维护自己的利益。由此看来只要公心，就会得到别人的理解。

吾家公艺

【原文】

吾家公艺，恃百忍以同居，千古传为美谈。殊不知忍而至于百，则其家庭乖戾睽隔之处，正未易更仆数也。

【原评】

江含徵曰：然除了一忍，更无别法。

顾天石曰：心斋此论，先得我心。忍以治家可耳；奈何进之高宗，使忍以养成武氏之祸哉？

倪永清曰：若用“忍”字，则百犹嫌少。否则以“剑”字处之，足矣。或曰“出家”二字，足以处之。

王安节曰：惟其乖戾睽隔，是以要忍。

【译文】

我的本家张公艺，依靠着百忍维持着九代同居的大家庭，千年来被传为美谈。殊不知忍耐到了百，他们家庭的矛盾与隔阂，正是数也数不清的。

九世同居

【原文】

九世同居，诚为盛事。然止当与割股、庐墓者作一例看。可以为难矣，不可以为法也，以其非中庸之道也。

【原评】

洪去芜曰：古人原有“父子异宫”之说。

沈契掌曰：必居天下之广居而后可。

【译文】

维持九代同居的局面，的确是一件了不起的大事。但只可以与割骨疗亲、庐墓守丧的情况同一看待。可以认为这些是难得的，但是不可以作为准则，因为这些都不符合儒家的中庸之道。

作文之法

【原文】

作文之法，意之曲折者，宜写之以显浅之词；理之显浅者，宜运之以曲折之笔。题之熟者，参之以新奇之想；题之庸者，深之以关系之论。至于窘者舒之使长，缛者删之使简，俚者文之使雅，闹者摄之使静，皆所谓裁制也。

【原评】

陈康畴曰：深得作文三昧语。

张竹坡曰：所谓节制之师。

王丹麓曰：文家秘旨，和盘托出，有功作者不浅。

【译文】

做文章的方法，内容复杂的可以用浅显的词语来表达；道理浅显易懂的，应该用曲折的笔法写出来；题目老套的就用新奇的思想来写；题目平淡的，要通过纵深发掘去深化。至于短粗的加以扩展长，繁缛的删除一些使其精简，热闹的使其达到平静，这都是做文章时裁截的方法。

【评析】

写文章要得法，这样写出文章来才有人看。那么如何才能将文章做得很吸引读者的眼球，而且又生动具体呢？这就需要一定的技巧。这段文字，作者向人们指出了一些如何可以将文章做得更好、更有意义、更吸引人的方法。

常听人说：文无定法。文无定法但不等于无法。在创作过程中我们可以总结经验，以至于在以后的创作中，可以借鉴使用。正因为此，从古到今，文章学著作层出不穷，累代不衰，有继承，有发展，使文章一代一代传承下去。作者这段文字，既是他写作经验的总结，也堪称一篇创作方法论。

笋为蔬中尤物

【原文】

笋为蔬中尤物，荔枝为果中尤物，蟹为水族中尤物，酒为饮食中尤物，月为天文中尤物，西湖为山水中尤物，词曲为文字中尤物。

【原评】

张南村曰：《幽梦影》可为书中尤物。

陈鹤山曰：此一则又为《幽梦影》中尤物。

【译文】

竹笋是蔬菜之中的极品，荔枝是水果中的极品，螃蟹是水中动物的极品，酒是饮食中的极品，月亮是天空中的最佳的天体，西湖是山水景物中最好的景观，词曲是诗词创作中最好的文体。

买得一本好花

【原文】

买得一本好花，犹且爱护而怜惜之，矧其为解语花乎！

【原评】

周星远曰：性至之语，自是君身有仙骨，世人那得知其故耶！

石天外曰：此一副心，令我念佛数声。

李若金曰：花能解语，而落于粗恶武夫，或遭狮吼戕贼，虽欲爱护，何可得？

王司直曰：此言是恻隐之心，即是是非之心。

【译文】

买一株美丽的鲜花，尚且还对它关怀备至呢，更何况是那些能解人语的美人呢！

买得一本好花

观手中便面

【原文】

观手中便面，足以知其人之雅俗，足以识其人之交游。

【原评】

李圣许曰：今人以笔资丐名人书画，名人何尝与之交游！吾知其手中便面虽雅，而其人则俗甚也。心斋此条，犹非定论。

毕嵎谷曰：人苟肯以笔资丐名人书画，则其人犹有雅道存焉，世固有并不爱此道者。

钱目天曰：二语皆然。

【译文】

观察一个人手中的扇面，就完全可以知道这个人是雅还是俗，完全可以看出这个人交的是什么样的朋友。

【评析】

人们所选择的物品可以反映出这个人的品位、性格以及内涵等各方面的素养。作者只是从观察扇面这一方面就可以看出人的素养。

富人与穷人，书香门第与街头武夫，文人与贫民，大家闺秀与妓女，因为他们接触到的事物、经济实力、文化修养等的不同，他们对一些物品的选择往往会不同。所以由手中的扇面，就能够看出一个人是雅还是俗。俗话说：物以类聚人以群分，由其为人能判定其交游范围，以物观人不失为识人的一种门径。

水为至污之所会归

【原文】

水为至污之所会归，火为至污之所不到。若变不洁为至洁，则水火皆然。

【原评】

江含徵曰：世间之物，宜投诸水火者不少，盖喜其变也。

【译文】

水是最污秽的东西汇集的地方，火是最污秽的东西到不了的场所。要想将不干净的东西变成干净的东西，水和火都是可以的。

【评析】

世间最干净的就是水，它能洗尽世间不洁之物；最洁净的还有火，它能烧去世界上的一切。可是，这两种事物是互相抵触的，它们是相生相克、不能相容的。但是它们的共同特征就是：可以将世间一切不洁净之物彻底清除干净。

这则文字启示我们，任何敌对的事物，也有统一的一面，求同存异，实为法宝；水是自然清净之物，火是至烈之物，但是两者根据自身不同的特点将污秽去除，任其辉煌卑贱，终归大化，没有丝毫差异。

貌有丑而可观者

【原文】

貌有丑而可观者，有虽不丑而不足观者；文有不通而可爱者，有虽通而极可厌者。此未易与浅人道也。

【原评】

陈康畴曰：相马于牝牡骊黄之外者，得之矣。

李若金曰：究竟可观者，必有奇怪处；可爱者，必无大不通。

梅雪坪曰：虽通而可厌，便可谓之不通。

【译文】

相貌虽然丑陋但是很耐看，有虽然不丑陋的但是很不耐看；文章虽然欠缺通顺，可是有价值看，有些文章虽然文辞很好，但是看了之后却会让人心生厌烦。其中的道理不是肤浅的人所能理解的。

游玩山水

【原文】

游玩山水，亦复有缘。苟机缘未至，则虽近在数十里之内，亦无暇到也。

【原评】

张南村曰：予晤心斋时，询其曾游黄山否。心斋对以“未游”，当是机缘未至耳。

陆云士曰：余慕心斋者十年。今戊寅之冬，始得一面。身到黄山恨其晚，而正未晚也。

【译文】

游山玩水，也是有某种机缘。假使机缘不到的话，虽然近在十里之内，也是没有机会到达那里的。

贫而无谄

【原文】

贫而无谄，富而无骄，古人之所贤也；贫而无骄，富而无谄，今人之所少也。足以知世风之降矣。

【原评】

许来庵曰：战国时已有“贫贱骄人”之说矣。

张竹坡曰：有一人一时而对此谄、对彼骄者，更难！

【译文】

贫贱而不阿谀奉承，富贵却不骄傲，这是古人所崇尚的贤德；贫贱但是不骄傲，富贵却不阿谀奉承，是今人中少有的。由此可见世风的日益下降。

昔人欲以十年读书

【原文】

昔人欲以十年读书、十年游山、十年检藏。予谓检藏尽可不必十年，只二三载足矣。若读书与游山，虽或相倍蓰，恐亦不足以偿所愿也。必也，如黄九烟前辈之所云，人生必三百年而后可乎？

贫而无谄

【原评】

江含徵曰：昔贤原谓尽则安能，但身到处，莫放过耳。

孙松坪曰：吾乡李长蘅先生，爱湖上诸山，有“每个峰头住一年”之句。然则黄九烟先生所云，犹恨其少。

张竹坡曰：今日想来，彭祖反不如马迁。

【译文】

以前的人想要用十年的时间读书，十年的时间游览名山大川，十年的时间从事收藏。我认为收藏大可不必用上十年的时间，只要两三年的时间就可以了。如果要是读书或是游山玩水，就算是再增加成倍的时间，恐怕也不能如愿。如果非要这样的话，就如黄九烟先生所说的，人必须要活三四百年，那样才可以？

宁为小人之所骂

【原文】

宁为小人之所骂，毋为君子之所鄙；宁为盲主司之所摈弃，毋为诸名宿之所不知。

【原评】

陈康畴曰：世之人自今以后，慎毋骂心斋也。

江含徵曰：不独骂也，即打亦无妨，但恐鸡肋不足以安尊拳耳！

张竹坡曰：后二句足少平吾恨。

李若金曰：不为小人所骂，便是乡愿；若为君子所鄙，断非佳士。

【译文】

宁可被小人所骂，也不要被君子所鄙视；宁可被有眼无珠的主考官所摒除抛弃，不能被德高望重的名流不知道。

傲骨不可无

【原文】

傲骨不可无，傲心不可有。无傲骨则近于鄙夫，有傲心不得为君子。

【原评】

吴街南曰：立君子之侧，骨亦不可傲；当鄙夫之前，心亦不可不傲。

石天外曰：道学之言，才人之笔。

庞笔奴曰：现身说法，真实妙谛。

【译文】

坚强不屈、勇敢追求的傲骨不可以没有，骄傲自大、目空一切的傲心，不可以有。没有傲骨就如同自甘平庸的懦夫，有傲心就不可以成为君子。

【评析】

傲骨也就是人们所说的骨气，一个人可以贫穷但是不能没有骨气，如果没有骨气就如一具行尸走肉，对于社会没有任何意义，人们自然也就不会对其有任何尊重；没有傲骨，人便没有了独立的人格，也将会遭受社会的遗弃。但是傲心却不能有；有了傲心，就不免妄自尊大，目空一切，就有可能将自己孤立起来，夸大自己的能力，于是做事就会到处碰壁，一事无成，从而毁了自己的前程。所以做人不可无傲骨，但是不可有傲心，这样才能正确走好以后的人生路，同样这节文字可以作为为人修养的座右铭。

蝉为虫中之夷齐

【原文】

蝉为虫中之夷、齐，蜂为虫中之管、晏。

【原评】

崔青峙曰：心斋可谓虫之董狐。

吴镜秋曰：蚊是虫中酷吏，蝇是虫中游客。

【译文】

蝉是昆虫类中的伯夷、叔齐式的角色，蜜蜂是昆虫类中管仲、晏婴式的角色。

【评析】

伯夷叔齐是商末孤竹君之子，孤竹君立叔齐为太子，孤竹君死后叔齐将太子位让与伯夷。他们怕成为君主行为会受到束缚，不得自由清闲，所以相互退让，于是结伴逃走到异乡；当宗主国想要将其国覆亡，他们又力图维护，后来当周统治其国后，二人隐居深山，拒食周粟，终于饥饿而死。他们留得清白在人间，令天下人尊敬，流传至今。蝉隐身在树上，吸风饮露，洁身自好，虽然在世界上存活的时间不长，也终不改其本色，于是称它为昆虫中的隐士，就像叔齐和伯夷，为人们所称赞。

管仲、晏婴是春秋时期的良相，奋发图治，富民强国，为国家的事业终日忙碌，不得安闲，就像蜜蜂采蜜，辛勤劳作，四处奔忙，不言辛苦，鞠躬尽瘁，把蜜蜂比作管仲和晏婴是非常妥帖的。

曰痴曰愚

【原文】

曰痴、曰愚、曰拙、曰狂，皆非好字面，而人每乐居之；曰奸、曰黠、曰强、曰佞，反是，而人每不乐居之，何也？

【原评】

江含徵曰：有其名者无其实，有其实者避其名。

【译文】

像痴、愚、拙、狂等这些字都不是好字，但是人们往往以这样的名号自居；像奸、黠、强、佞这些词恰恰与前面的字相反，但是人们却不喜欢以这些自称，这是为什么呢？

唐虞之际

【原文】

唐虞之际，音乐可感鸟兽。此盖唐虞之鸟兽，故可感耳。若后世之鸟兽，恐未必然。

曰痴曰愚

【原评】

洪去芜曰：然则鸟兽亦随世道为升降耶？

陈康畤曰：后世之鸟兽，应是后世之人所化身，即不无升降，正未可知。

石天外曰：鸟兽自是可感，但无唐虞音乐耳。

毕右万曰：后世之鸟兽，与唐虞无异，但后世之人迥不同耳！

【译文】

尧舜的时候，音乐可以感动鸟兽。这大概是尧舜时候的鸟兽容易被感动吧。如果是后世的鸟兽恐怕就不是这样了。

痛可忍

【原文】

痛可忍，而痒不可忍；苦可耐，而酸不可耐。

【原评】

陈康畤曰：余见酸子偏不耐苦。

张竹坡曰：是痛、痒关心语。

余香祖曰：痒不可忍，须倩麻姑搔背。

释牧堂曰：若知痛痒、辨苦酸，便是居士悟处。

【译文】

疼痛可以忍受，但是痒不可以忍受；苦可以忍耐，但是酸是忍耐不了的。

镜中之影

【原文】

镜中之影，着色人物也；月下之影，写意人物也。镜中之影，钩边画也；月下之影，没骨画也。月中山河之影，天文中地理也；水中星月之象，地理中天文也。

【原评】

恽叔子曰：绘空镂影之笔。

石天外曰：此种着色写意，能令古今善画人一齐搁笔。

沈契掌曰：好影子俱被心斋先生画着。

【译文】

镜子中的人影，是涂了色的人物画；月下的影子，就是写意的人物画。镜子中的影子，是勾勒出的人物画；月下的影子，是没有骨架的人物画。月色中山河的影子，是天体中山川形态的写实；水中的星月，是地理中的天体形态。

能读无字之书

【原文】

能读无字之书，方可得惊人妙句；能会难通之解，方可参最上禅机。

【原评】

黄交三曰：山老之学，从悟而入，故常有彻天彻地之言。

【译文】

能够品读没有文字的书，才能写出惊人的妙语佳句；能够领悟难通难解的文字，才可以领会最高的禅学要义。

【评析】

人生社会是一部大书，我们要学会在这本无字天书中寻找经验、获取知识，这样我们才能更好地了解人生，从而把握人生的真谛。我们一般读书时，只是解读一些有文字记载的书籍，其实在这些书籍中包含的只是很有限的一些知识。而在无字的书籍里面我们可以看到包罗万象、形形色色的事物，只有领悟其中的奥妙，就可以有独特的见解，从而才有可能达到“语不惊人死不休”的境界。

宇宙人生的要义是无法言说的，阅读经籍也是这样。真理总是掌握在少数人手中，一般人能想到的，能理解的，只是一些浅显的道理，是小智慧。参透一般人认为极难的道理的，是需要大智慧，需要有睿智的头脑和极尽思考的精神，只有这样才可以感悟至高的境界。

做事情也一样，非独立思考，就只能停留在和大多数人一样的位置，只有亲身体会，才有可能到达最高处，去领略别人所不曾领略的风景，才能体会到一种全新的感受。

能读无字之书

若无诗酒

【原文】

若无诗酒，则山水为具文；若无佳丽，则花月皆虚设。

【译文】

如果没有诗歌美酒，山水就只是形式上的空文；如果没有美丽佳人，那么鲜花明月都是形同虚设。

才子而美姿容

【原文】

才子而美姿容，佳人而工著作，断不能永年者。匪独为造物之所忌，盖此种原不独为一时之宝，乃古今万世之宝，故不欲久留人世以取亵耳！

【原评】

郑破水曰：千古伤心，同声一哭。

王司直曰：千古伤心者，读此可以不哭矣！

【译文】

才子而长相俊美，美人又擅长吟诗作赋，就一定不能长寿。这不仅仅是被造物主所忌妒，大概是这种人原本不只是一时的宝物，乃是古往今来千秋万代的宝物，所以不想长久留在人间，以免招来亵渎。

陈平封曲逆侯

【原文】

陈平封曲逆侯，《史》《汉》注皆云“音去遇”。予谓此是北人土音耳。若南人四音俱全，似仍当读作本音为是。（北人于唱曲之曲，亦读如去字。）

【原评】

孙松坪曰：曲逆，今完县也。众水潆洄，势曲而流逆。予尝为土人订之，心斋重发吾覆矣。

【译文】

汉代陈平被封为曲逆侯，《史记》《汉书》注释都说音是“去遇”。我认为这是北方的口音。如果是南方人四音俱全，似乎仍应当读作本音才对。

【评析】

各地人们的平上去入四声不同，于是就有了后来不同的记载，从中可以判断出历史事件发生的地域。这也是就声韵学研究文学的一个方面。

这则文字就是从声韵学角度，分析《史记》和《汉书》中用的是哪一地区的方言。作者认为“曲逆”这两个字，是北方口音，由于北方没有入声，而北方音读法就是该读成入声的“去遇”。因没有入声，所以“曲”由入声字“去”代替。如果这两个字让有入声的南方人读，读其本音就可以了，就不用再代替了。从古音讲究四声言，作者的这番话颇有道理。

古人四声俱备

【原文】

古人四声俱备，如“六”“国”二字皆入声也。今梨园演苏秦剧，必读“六”为“溜”，读“国”为“鬼”，从无读入声者。然考之《诗经》，如“良马六之”“无衣六兮”之类，皆不与去声叶，而叶祝告燠；“国”字皆不与上声叶，而叶入陌质韵。则是古人似亦有入声，未必尽读“六”为“溜”，读“国”为“鬼”也。

【原评】

弟木山曰：梨园演苏秦，原不尽读“六国”为“溜鬼”，大抵以曲调为别。若曲是南调，则仍读入声也。

【译文】

古代人四声也是很完备的，如“六”“国”这两个字都是入声。现在梨园弟子演苏秦剧的时候，一定把“六”读作“溜”，把“国”读为“鬼”，从来没有读入声的。但是据考证《诗经》来说，像“良马六之”“无衣六兮”这一类的，都是不与去声相叶，却叶祝告燠韵；“国”字都不与上声叶，却叶入陌质韵。由此可见，古人似乎也有入声，不一定都读“六”为“溜”，读“国”为“鬼”。

闲人之砚

【原文】

闲人之砚，固欲其佳；而忙人之砚，尤不可不佳。娱情之妾，固

如何是独乐乐

欲其美；而广嗣之妾，亦不可不美。

【原评】

江含徵曰：砚美下墨可也，妾美招妒奈何？

张竹坡曰：妒在妾，不在美。

【译文】

清闲人的砚台，当然想要质地优良；而忙碌的人的砚台更是不可以不精良。为了高兴纳的妾，当然希望她美丽；而为了生儿育女、传宗接代的妾，也不可以不美丽。

如何是独乐乐

【原文】

如何是独乐乐，曰鼓琴；如何是与人乐乐，曰弈棋；如何是与众乐乐，曰马吊。

【原评】

蔡铉升曰：独乐乐，与人乐乐，孰乐？曰不若与人。与少乐乐，与众乐乐，孰乐？曰不若与少。

王丹麓曰：我与蔡君异。独畏人为鬼阵，见则必乱其局而后已。

【译文】

怎样才是一个人的快乐，弹琴；什么才是与人同乐，下棋；怎样是与众人一起快乐，是玩纸牌。

不待教而为善为恶者

【原文】

不待教而为善为恶者，胎生也；必待教而后为善为恶者，卵生也；偶因一事之感触而突然为善为恶者，湿生也（如周处、戴渊之改过，李怀光反叛之类）；前后判若两截，究非一日之故者，化生也（如唐玄宗、卫武公之类）。

【译文】

不等待教育就能知道善还是恶的，是胎生的；必须要等到教育之后才知道善恶的，是卵生；偶然间因为一件事情的感触而能感觉到善恶的，是湿生（像周处、戴渊的改过从善，李怀光的反叛之类的）；前后判若两人，终究不是一日变化的原因，是化生（如唐玄宗、卫武公之类的）。

凡物皆以形用

【原文】

凡物皆以形用，其以神用者，则镜也、符印也、日晷也、指南针也。

【原评】

袁中江曰：凡人皆以形用。其以神用者，圣贤也，仙也，佛也。

黄虞外士曰：凡物之用皆形，而其所以然者，神也。镜凸凹而易其肥瘦，符印以专一而主其神机，日晷以恰当而定准则，指南以灵动而活其针缝。是皆神而明之，存乎人矣。

【译文】

大凡是物体都是以它的外形发挥作用，靠奇妙的神理来产生作用的则是镜子、符印、日晷、指南针。

才子遇才子

【原文】

才子遇才子，每有怜才之心；美人遇美人，必无惜美之意。我愿来世托生为绝代佳人，一反其局而后快。

【原评】

陈鹤山曰：谚云："鲍老当筵笑郭郎，笑他舞袖太郎当。若教鲍老当筵舞，转更郎当舞袖长。"则为之奈何？

郑蕃修曰：俟心斋来世为佳人时再议。

余湘客曰：古亦有"我见犹怜"者。

倪永清曰：再来时不可忘却。

【译文】

才子见到才子，常常有相互怜惜的感觉；美人遇到美人，一定没有相互爱惜的意思。我希望来生能转世为绝代佳人，一反这种不相互怜惜的形式，这样才感到快意。

予尝欲建一无遮大会

【原文】

予尝欲建一无遮大会，一祭历代才子，一祭历代佳人。俟遇有真正高僧，即当为之。

【原评】

顾天石曰：君若果有此盛举，请迟至二三十年之后，则我亦可以拜领盛情也。

释中洲曰：我是真正高僧，请即为之，何如？不然，则此二种沉魂滞魄，何日而得解脱耶？

江含徵曰：折柬虽具，而未有定期，则才子佳人亦复怨声载道。又曰：我恐非才子而冒为才子，非佳人而冒为佳人。虽有十万八千母陀罗臂，亦不能具香厨法膳也，心斋以为然否？

释远峰曰：中洲和尚，不得夺我施主！

【译文】

我曾经想举办一次无遮大会，一是用来祭奠超度各时代的才子，二是祭奠各时代的佳人。等遇到真正的高僧，就付诸行动。

圣贤者

【原文】

圣贤者，天地之替身。

予尝欲建一无遮大会

【原评】

石天外曰：此语大有功名教，敢不伏地拜倒！

张竹坡曰：圣贤者，乾坤之帮手。

【译文】

圣贤之人是天地的化身。

天极不难做

【原文】

天极不难做，只须生仁人君子有才德者二三十人足矣。君一、相一、冢宰一，及诸路总制、抚军是也。

【原评】

黄九烟曰：吴歌有云："做天切莫做四月天。"可见天亦有难做之时。

江含徵曰：天若好做，又不须女娲氏补之。

尤谨庸曰：天不做天，只是做梦。奈何！奈何！

倪永清曰：天若都生善人，君相皆当袖手，便可无为而治。

陆云士曰：极诞极奇之话，极真极确之话。

【译文】

上天并不难做，只需要造就心底仁厚、才德兼备的君子二三十个人就足够了。一个为君王，一个为宰相，一个为冢宰，其他分别做各路的总制、抚军，天下就可以太平了。

掷升官图

【原文】

掷升官图，所重在德，所忌在赃。何一登仕版，辄与之相反耶？

【原评】

江含徵曰：所重在德，不过是要赢几文钱耳！

沈契掌曰：仕版原与纸版不同！

【译文】

掷升官图这一游戏，重在品德操守，忌讳贪赃枉法。为何一登上仕途，就与游戏中的规则相反了呢？

动物中有三教焉

【原文】

动物中有三教焉：蛟、龙、麟、凤之属，近于儒者也；猿、狐、鹤、鹿之属，近于仙者也；狮子、牯牛之类，近于释者也。

植物中有三教焉：竹、梧、兰、蕙之属，近于儒者也；蟠桃、老桂之属，近于仙者也；莲花、薝蔔之属，近于释者也。

【原评】

顾天石曰：请高唱《西厢》一句，“一个通彻三教九流”。

石天外曰：众人碌碌，动物中蜉蝣而已；世人峥嵘，植物中荆棘而已。

动物中有三教焉

【译文】

动物中也有三教：蛟龙、麒麟、凤凰这一类属于儒教；猿猴、狐狸、鹤、鹿这一类属于道教；狮子，牯牛这一类属于佛教。

植物中也有三教：竹子、梧桐、兰花、蕙草这一类属于儒教；蟠桃、老桂这一类属于道教；莲花、薝蔔这一类属于佛教。

佛氏云

【原文】

佛氏云："日月在须弥山腰。"果尔，则日月必是绕山横行而后可。苟有升有降，必为山巅所碍矣。又云："地上有阿耨达池，其水四出，流入诸印度。"又云："地轮之下为水轮，水轮之下为风轮，风轮之下为空轮。"余谓此皆喻言人身也。须弥山喻人首，日月喻两目；池水四出喻血脉流通，地轮喻此身，水为便溺，风为泄气。此下则无物也。

【原评】

释远峰曰：却被此公道破。

毕右万曰：乾坤交后，有三股大气：一呼吸、二盘旋、三升降。呼吸之气，在八卦为震、巽，在天地为风、雷，为海潮，在人身为鼻息；盘旋之气，在八卦为坎、离，在天地为日、月，在人身为两目，为指尖、发顶罗纹，在草木为树节、蕉心；升降之气，在八卦为艮、兑，在天地为山、泽，在人身为髓液便溺，为头颅、肚腹，在草木为花叶之萌、凋，为树梢之向天、树根之入地。知此，而寓言之出于二氏者，皆可类推而悟。

【译文】

佛教中的经典中说："太阳和月亮在须弥山的山腰上。"如果真是这样的话，那么太阳和月亮必定是绕着山横向运行才可以的。如果有升降一定会被山巅挡住。又说："地上有阿耨达池，它们的水流向四面八方，流进了印度各地。"又说："地轮的下面是水轮，水轮的下面是风轮，风轮的下面是空轮。"我认为这些都是用来比喻人的身体构造的。须弥山比喻人的头，日月比喻人的两只眼睛，池水向四面八方流通是比喻人的血脉流通，地轮比喻人的身体，水是新陈代谢的废物，风就是泄气。此下就再也没有什么了。

苏东坡和陶诗

【原文】

苏东坡和陶诗，尚遗数十首。予尝欲集坡句以补之，苦于韵之弗备而止。如《责子诗》中"不识六与七""但觅梨与栗"，"七"字"栗"字，皆无其韵也。

【译文】

苏东坡与陶渊明的诗，尚且还遗留下数十首没有完成。我曾经想集东坡诗中的句子补上，只是苦于诗韵不全而没有做到。像《责子诗》中"不认识六与七""但觅梨与栗"，"七"与"栗"全都没有这个韵。

予尝偶得句

【原文】

予尝偶得句，亦殊可喜。惜无佳对，遂未成诗。其一为“枯叶带虫飞”，其一为“乡月大于城”。姑存之，以俟异日。

【译文】

我曾经想到一些佳句，感到特别高兴。只可惜没有好的句子来对，终究没有成诗。其中一句是“枯叶带虫飞”，另一句是“乡月大于城”。暂且留在这儿，等到以后再来对。

空山无人

【原文】

“空山无人，水流花开”二句，极琴心之妙境；“胜固欣然，败亦可喜”二句，极手谈之妙境；“帆随湘转，望衡九面”二句，极泛舟之妙境；“胡然而天，胡然而帝”二句，极美人之妙境。

【译文】

“空山无人，水流花开”两句淋漓尽致地表现了琴弦弹奏的绝妙声音引人渐入佳境，“胜固欣然，败亦可喜”这两句将下棋的美妙境界表现得相当透彻；“帆随湘转，望衡九面”，写尽了泛舟的无尽乐趣；“胡然而天，胡然而帝”，这两句写出了美人的神态优美。

【评析】

空旷的山林，异常静谧，小溪流水清澈见底，将人们的疲惫和烦恼一洗而尽，鲜花朵朵娇艳动人，是自然孕育了它们生命，花开、流水、青山这样的清静是自然天成的结果，就好像是妙手琴师演奏着的名曲，进入佳境，令人陶醉忘我。一纸棋盘，两军对垒，这是一场没有硝烟、不见刀枪的战争，这里有智力的较量，还有魄力的展现，其中运筹帷幄，游刃有余，让人沉浸其中感觉到无尽的快感，胜与败已经不那么重要，胜感欣喜，败也可以从中学得新的招数，所以说“胜固欣然，败也可喜”，正是下棋者的真境界。泛舟湖水已是享不尽自然之乐，如果“帆随湘转，望衡九面”，能迂回到湘水之中，多角度地观赏衡山的各个侧面，尽得水中泛舟的无限乐趣。古来夸赞美人的诗句多不胜数，不说高贵，却显高贵；不写华彩，却让人耳目一新，可见美人之美。

镜与水之影

【原文】

镜与水之影，所受者也；日与灯之影，所施者也；月之有影，则在天者为受，而在地者为施也。

【原评】

郑破水曰：受、施二字，深得阴阳之理。

庞天池曰：幽梦之影，在心斋为施，在笔奴为受。

【译文】

镜子和水的影子是从外界照进来的；太阳与灯的影子是它们自身散发出来的；月亮的影子在天上是接受外界照耀而形成，在地上是自身发出的。

【评析】

镜子与水中的影子是一种得到，也是一种接受；太阳光与灯光是它们自身发出来的，是一种施舍；而月的影子则是施舍和接受两方面的。从这一点来看，这正如阴阳的相对，有阴才有阳，有施才有受。施舍是给别人的一种恩赐，接受则是对事物的一种认可，如果没有接受，事物将无法完成整个过程。

人也是一样的，不可能是自己独立的生存，必须是建立在与人交往的基础上。那么在与他人的交往过程中，就会有得与失，这就要求我们不要过多地计较。

水之为声有四

【原文】

水之为声有四：有瀑布声，有流泉声，有滩声，有沟浍声；风之为声有三：有松涛声，有秋叶声，有波浪声；雨之为声有二：有梧叶、荷叶上声，有承檐溜竹筒中声。

【原评】

弟木山曰：数声之中，惟水声最为可厌。以其无已时，甚聒人耳也。

【译文】

水声有四种：有瀑布声，有泉水声，有浪击海岸声，有田间沟渠里的水流声；风声有三种：有风吹过松林的声音，有秋叶沙沙响的声

水之为声有四

音，有波浪卷起浪花的声音；雨声有两种：有雨打梧桐叶、荷叶上的声音，有屋檐滴雨的滴答声。

【评析】

自然界中有着我们所想象不到的惊喜。人们总是会在自然中发现无限乐趣，只要人们仔细用心去感受，自然的乐趣是丰富多彩的。天籁之音乃自然形成，不假人力，没有经过任何的加工创造，而不像人们的声音中多造作、芜杂、功利，它纯洁明净而自然天成。

水声、风声、雨声这几种声音，虽未经雕琢，但一样有节奏，动听悦耳。不同的声音对于不同的人，在不同的心境下，给人的感受是不一样的，让人喜、让人悲、给人灵感等许多不同的感受。

文人每好鄙薄富人

【原文】

文人每好鄙薄富人，然于诗文之佳者，又往往以金玉、珠玑、锦绣誉之，则又何也？

【原评】

陈鹤山曰：犹之富贵家张山臞野老落木荒村之画耳。

江含徵曰：富人嫌其慳且俗耳，非嫌其珠玉文绣也。

张竹坡曰：不文，虽富可鄙；能文，虽穷可敬。

陆云士曰：竹坡之言，是真公道说话！

李若金曰：富人之可鄙者，在吝，或不好史、书，或畏交游，或趋炎热而轻忽寒士。若非然者，则富翁大有裨益人处，何可少之！

【译文】

文人往往喜欢鄙视那些富人，然而对于那些美妙的诗文佳作，又往往以金玉、珠玑、锦绣赞誉它们，这究竟是什么道理呢？

能闲世人之所忙者

【原文】

能闲世人之所忙者，方能忙世人之所闲。

【译文】

能够搁置世人所忙的事情，才可以忙别人都不忙的事情，从而有一番作为。

先读经

【原文】

先读经，后读史，则论事不谬于圣贤；既读史，复读经，则观书不徒为章句。

【原评】

黄交三曰：宋儒语录中不可多得之句。

陆云士曰：先儒著书法，累牍连章，不若心斋数言道尽。

王宓草曰：妄论经、史者，还宜退而读经。

【译文】

先读经书，再读史书，这样论事时就不会有悖于圣贤的观点；

既然读了经书，再来读史书，读书时就不会只局限于字面字句的解释上。

居城市中

【原文】

居城市中，当以画幅当山水，以盆景当苑囿，以书籍当朋友。

【原评】

周星远曰：究是心斋偏重独乐乐！

王司直曰：心斋先生置身于画中矣！

【译文】

居住在城市中，应当把山水画当作山水，把花卉盆景当作园林，把书籍当作知心朋友。

乡居须得良朋始佳

【原文】

乡居须得良朋始佳，若田夫樵子仅能辨五谷而测晴雨，久且数，未免生厌矣。而友之中又当以能诗为第一，能谈次之，能画次之，能歌又次之，解觞政者又次之。

【原评】

江含徵曰：说鬼话者，又次之。

殷日戒曰：奔走于富贵之门者，自应以善说鬼话为第一，而诸客次之。

倪永清曰：能诗者，必能说鬼话。

陆云士曰：三说递进，愈转愈妙，滑稽之雄。

【译文】

居住在乡间必须有情投意合的朋友相伴，像那些农人樵夫只能辨认五谷杂粮，测天气阴晴云雨，时间久了、次数多了便不免心生厌倦。而朋友之中以会作诗为第一，擅长谈论的列为第二，善于绘画的列为第三，其次是会唱歌的，能行酒令的列为又次之。

玉兰

【原文】

玉兰，花中之伯夷也（高而且洁）；葵，花中之伊尹也（倾心向日）；莲，花中之柳下惠也（污泥不染）。鹤，鸟中之伯夷也（仙品）；鸡，鸟中之伊尹也（司晨）；莺，鸟中之柳下惠也（求友）。

【译文】

玉兰是花中的伯夷（清高而且高洁）；葵花是花中的伊尹（一心向着太阳）；莲花是花中的柳下惠（出淤泥而不染）。鹤是鸟中的伯夷（神仙中的一类）；鸡是鸟中的伊尹（报晓司晨）；莺是鸟中的柳下惠（寻找朋友的）。

【评析】

伯夷兄弟因避让帝位逃往周地，又因周灭掉母国不食周粟，而

玉兰，花中之伯夷也

逃入首阳山，采薇而食，终于饿死，千古以来，称其为贞烈，为圣贤。伊尹为商汤相，助汤灭夏，又历佐卜丙、中壬，扶立太甲，虽经放逐，却不改忠贞。柳下惠刚直不阿，在鲁国为士师，三次被黜，有人问他不肯离开鲁国的原故，他说："直道而事人，焉往而不三黜？枉道而事人，何必去父母之国？"以申明其宁为玉碎不为瓦全的品格及不遇知音难得同调的哀叹。玉兰"高而清洁"，称其为饿死不食周粟的伯夷，可谓恰当；葵花朵朵向太阳，向阳而生，这与倾心辅佐商朝的伊尹相近，故称其为花中的伊尹；莲花出淤泥而不染，与柳下惠的不肯苟合世俗相似，故莲花为花中的柳下惠。鹤形仙风道骨，驾鹤多为仙道，列于仙品，与冰清玉洁的伯夷相近，可称鸟中伯夷；公鸡司晨，恪尽职守，如伊尹的佐商，故称鸟中伊尹；"嘤其鸣兮，求其友声"，莺鸣为求友，而柳下惠遭黜，又叹知音不遇，故称求友之莺为鸟中柳下惠。对照喻体及被喻体，便可理解作者的生花妙笔及其用比之巧妙。

无其罪而虚受恶名者

【原文】

无其罪而虚受恶名者，蠹鱼也（蛀书之虫另是一种，其形如蚕蛹而差小）；有其罪而恒逃清议者，蜘蛛也。

【原评】

张竹坡曰：自是老吏断狱。

李若金曰：予尝有除蛛网说，则讨之未尝无人。

【译文】

没有罪却背上恶名的，是蠹鱼（是蛀虫的另一种，它的形状像蚕蛹但是小一些）；有罪的但是却往往能逃脱了非议的，是蜘蛛。

臭腐化为神奇

【原文】

臭腐化为神奇，酱也，腐乳也，金汁也；至神奇化为臭腐，则是物皆然。

【原评】

袁中江曰：神奇不化臭腐者，黄金也，真诗文也。

王司直曰：曹操、王安石文字，亦是神奇出于臭腐。

【译文】

由臭腐化为神奇的东西，有酱、腐乳、金汁；至于由神奇化为臭腐的东西，所有的东西都是这样。

黑与白交

【原文】

黑与白交，黑能污白，白不能掩黑；香与臭混，臭能胜香，香不能敌臭。此君子小人相攻之大势也。

【原评】

弟木山曰：人必喜白而恶黑，黜臭而取香，此又君子必胜小人之理也。理在，又乌论乎势！

石天外曰：余尝言：于黑处着一些白，人必惊心骇目，皆知黑处有白；于白处着一些黑，人亦必惊心骇目，以为白处有黑。甚矣！君子之易于形短，小人之易于见长，此不虞之誉、求全之毁由来也。读此慨然。

倪永清曰：当今以臭攻臭者不少。

【译文】

黑与白相混，黑色能玷污白色，可是白色不能掩饰住黑色；香和臭相混，臭味能胜过香味，但是香味却不能将臭味覆盖住。这就是小人和君子斗争时的大形势。

耻之一字

【原文】

耻之一字，所以治君子；痛之一字，所以治小人。

【原评】

张竹坡曰：若使君子以耻治小人，则有耻且格；小人以痛报君子，则尽忠报国。

【译文】

用耻来约束君子；用痛来约束小人。

痛之一字，所以治小人

【评析】

君子有德行的约束，自身行正义之事，所以对于耻辱是相当忌讳的，如果用耻来斥责君子，就是对他们的一种侮辱，所以耻是约束君子的最好方式。他们有羞耻心，知道真善美是受尊敬的，他们不降志、不辱身，洁身自好，重视操守德行，日省其身，完善自我，以至于能在青史上留下美名，传至万世。

小人已经良知丧尽，为了一己的私欲可以奴颜婢膝、卖主求荣，颠倒黑白、出卖朋友、重伤他人、不知廉耻，所以耻辱对他们没有任何用处；但是小人怕受苦，在用极刑的情况下他们会原形尽显，所以用痛来约束小人是一种好方法。

镜不能自照

【原文】

镜不能自照，衡不能自权，剑不能自击。

【原评】

倪永清曰：诗不能自传，文不能自誉。

庞天池曰：美不能自见，恶不能自掩。

【译文】

镜子不能照见自己，称不能称量自己，宝剑不能伤害自己。

古人云

【原文】

古人云："诗必穷而后工。"盖穷则语多感慨，易于见长耳。若富贵中人，既不可忧贫叹贱，所谈者不过风云月露而已，诗安得佳！

苟思所变，计惟有出游一法。即以所见之山川、风土、物产、人情，或当疮痍兵燹之余，或值旱涝灾祲之后，无一不可寓之诗中。借他人之穷愁，以供我之咏叹，则诗亦不必待穷而后工也。

【原评】

张竹坡曰：所以郑监门《流民图》独步千古。

倪永清曰：得意之游，不暇作诗；失意之游，不能作诗。苟能以无意游之，则眼光识力定是不同。

尤悔庵曰：世之穷者多而工诗者少，诗亦不任受过也。

【译文】

古人说："诗人一定要在经历穷困之后才可以写出精妙的文章。"大概是穷困过后诗句中才能多慷慨之词，容易表达感情。如果是富贵中人便不会因为贫穷而担忧慨叹，所谈论的不过是风云月露而已，诗怎么能够做得好呢！

如果想有所改变，只有外出游历这一办法了。将所有看见的山川、风土、物产、人情，或者正当是战火之后的满目疮痍，或者是旱涝灾害之后，将这些写进诗中。借助他人的穷苦忧愁，为我提供歌咏吟唱的情思，那就不用经历穷苦忧愁便能写出精妙的诗文了。

【评析】

“诗必穷而后工”，是说诗人一定要在经历穷困愁苦之后才能写出上乘之作来，这是中国古代文论中一个十分重要又影响深远的命题。在中国历史上这样的人有很多，“诗圣”杜甫就是其中一个典型的例子，因为他生活穷困潦倒，又加上当时社会黑暗，是他写出了“朱门酒肉臭，路有冻死骨”这样的千古名句；宋代词人苏轼由于仕途坎坷，几经磨难仍然心怀坦荡，使他对自然人生有了更深切的体悟，写出了许多至今仍被传颂的佳句；曹雪芹经历了由锦衣玉食到食粥常赊、由华贵门第到无地安身的大家庭的败落，这样的遭遇，让他对社会世相、人情冷暖大彻大悟，于是创作出了《红楼梦》。

这段文字中，作者认为不经历穷困，只要游历山水、体察民情，了解了事实同样可以写出好多诗文，这似乎很合乎现今的写作体会。当然这也是一种方法，但好的诗文必须要经过自身的经历之后才能写出切身的感受。

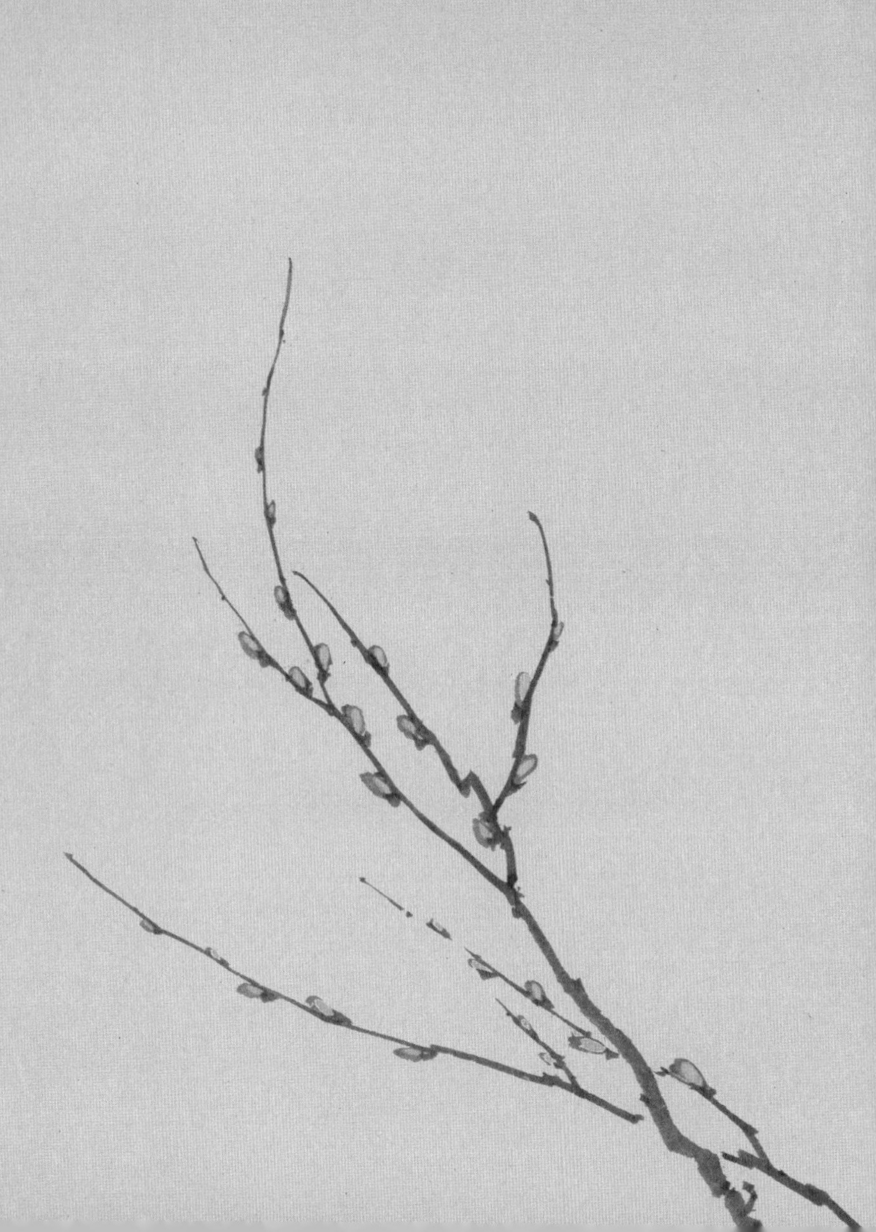